编者的话

中国是农业大国，同时又是畜牧业大国。改革开放以来，我国畜牧业取得了举世瞩目的成就，畜牧业产值已连续20年以年均9.9%的速度增长，特别是“十二五”期间，我国畜牧业取得持续快速增长，畜产品质量逐步提升，畜牧业结构布局逐步优化。我国畜牧业发展要想实现高产、优质、高效、生态、安全的可持续发展道路，必须全面落实科学发展观，加快畜牧业增长方式转变，优化结构，改善品质，提高效益，构建现代畜牧业产业体系，提高畜牧业综合生产能力，努力保障畜产品质量安全、公共卫生安全和生态环境安全。

本书主要阐述现代养猪生产条件下提高养猪生产水平和生产效率的基本理论和技术。主要内容包括猪的育种、营养与饲料、猪场建设、种猪生产、幼猪培育、生长肥育猪生产技术、规模化养猪生产技术、猪场生物安全等。本书可供广大畜牧工作者参考学习。本书在编写过程中得到了江西省生猪产业技术体系吉泰盆地综合试验推广站的大力支持，在此表示感谢。同时，由于经验不足和水平有限，疏漏之处在所难免，敬请读者批评指正。

编者

2016年1月

农村百事通丛书

现代养猪生产实用技术

XIANDAI YANGZHU SHENGCHAN SHIYONG JISHU

主　编　曾昭芙

编　委　黄恩福　严景生　邝贤英　肖伦征
罗义春　董闽鲜　张小平

江西科学技术出版社

图书在版编目(CIP)数据

现代养猪生产实用技术 / 曾昭芙主编. —南昌：江西科学技术出版社, 2016.3（2017.8 重印）
ISBN 978-7-5390-5592-3
Ⅰ. ①现… Ⅱ. ①曾… Ⅲ. ①养猪学 Ⅳ. ①S828
中国版本图书馆CIP数据核字(2016)第065017号

国际互联网(Internet)地址：
http://www.jxkjcbs.com
选题序号：**ZK**2015253
图书代码：**B16020-102**

现代养猪生产实用技术 **曾昭芙 主编**

出版发行	江西科学技术出版社
社址	南昌市蓼洲街2号附1号 邮编：330009 电话：(0791)86623491 86639342(传真)
印刷	江西千叶彩印有限公司
经销	各地新华书店
开本	850 mm × 1168 mm 1/32
字数	110千字
印张	6.25
版次	2016年3月第1版 2017年8月第2次印刷
书号	ISBN 978-7-5390-5592-3
定价	16.00元

赣版权登字-03-2016-111

目 录

第一章 猪场建设与管理

第四章　种猪生产技术

第五章 猪的营养与饲料

第六章 猪场的防控

第一章　猪场建设与管理

近年来，随着国家对养殖业的重视和扶持，一些标准化、工厂化猪场也随之兴建，也有不少养殖场在原有的基础上改建扩建，不同程度地提高了生猪质量，保障了畜产品的市场供应，同时也提高了产品安全质量，加快了生猪产业化发展，促进了标准化、规范化猪场的建设。本章主要讲述猪场规划与建设、存栏结构、各类猪的喂料标准、猪场规章制度以及种猪淘汰原则与更新计划。

第一节　猪场规划与建设

一、场址的选择

选择的场址要地形平坦，地势高燥，向阳背风，通风良好，供电稳定，水源充足，距离生活饮用水源地、城镇居民区、动物屠宰加工场所、动物及动物产品集贸市场和动物养殖场（养殖小区）都在500米以上，距离动物诊疗场所200米以上，距离动物隔离场所、无害化处理场所3000米以上。因猪场的建设需要避免周围环境的污染，不可太靠近主要交通干道，距铁路及国家一、二级公路应不少于300米，距三级公路应不少于150米，距四级公路不少于100米。同时，距离大型猪场（如万头猪场）则应不少于1000米。如果有围墙、河流、林带等屏障，则距离可适当缩短些。禁止在旅游区及工业污染严重的地区建场。与一般畜禽场的距离应不少于150米，与大型畜禽场间距应不少于1000米。

二、总体布局

规模化猪场按生活区、生产区、隔离区、粪污储存处理区和无害化处理区依次分区布置，各功能区之间界限分明，相距50米以上，用绿化带隔离。

1.生活区

主要包括办公室、接待室、财务室、食堂、宿舍和与外界接触密切的生产辅助设施（饲料加工车间、饲料仓库、修理车间、锅炉房和水泵房等），位于生产区的上风向及场区入口处。入口外设车辆和人员消毒池，猪场周围建围墙或设防疫沟，以防兽害和避免闲杂人员进入场区。

2.生产区

生产区包括各类猪舍，建筑面积约占全场总建筑面积的70%～80%，安排在生活区的下风向。猪舍排列依次为种猪舍、妊娠猪舍、分娩哺乳猪舍、培育猪舍、育成猪舍和育肥猪舍，间距一般在7～9米。种猪舍与保育区和生长区隔开，设在猪场的上风向，种公猪舍在种猪区的上风向，分娩舍靠近妊娠舍，又接近培育猪舍。育肥猪舍设在下风向，且离出猪台较近。猪舍方向与夏季主导风向呈30～60°角，便于通风。在生产区的入口处设专门的更衣消毒间。

3.隔离区

隔离区主要包括兽医室和病猪隔离舍。病猪隔离舍距离生产区50米以上，每栏面积为4平方米左右，总容量为全场猪总量的5%～10%。兽医室设在隔离区的下风方向。

4.粪污储存处理区

主要包括堆肥处理区和沼气池，远离生产区，设在下风向、地势较低的地方。猪场应配置两条排水系统，将雨水和污水分开。猪场干粪进行堆肥处理，减少废水的产生量。干湿分离后的废水经格栅调节沉淀池后进入沼气池，产生的沼气储存在储气柜内，经脱硫处理后用于生产和生活供热；沼液作为肥料应用于农田、果园；沼渣通过污泥浓缩后与干粪一起做堆肥处理。

5.化尸池

化尸池用于病死猪无害化处理，应建在生产区的下风向，远离生产生活区域。一般为地下圆井型，上细下粗，断面为梯形。地面以上高度1米，侧面对称留2个通气孔，总深4～5米，口径2米左右。底部由钢筋水泥浇筑15厘米厚，四周用砖墙水泥抹面，并进行防水处理，加盖防雨盖，使用时定期添加消毒药品。

6.道路与绿化

场内道路净、污分道，互不交叉，出入口分开。净道供人行和饲料、产品的运输，污道为运输粪便、病猪和废弃设备的专用道。场区与猪舍之间需要进行绿化，种植生长迅速的高大树种或花草（绿化覆盖率达到30%）净化空气，改善猪场的小气候，同时减弱噪音。

三、猪舍设计与设施设备

猪舍是猪场的核心部分，为猪群的繁殖、生长发育提供良好的环境，是获得高利润的前提。不同性别、不同饲养和生理阶段的猪对环境及设备的要求不同，设计猪舍内部结构时应根据猪的生理特点和生物习性，合理布置猪栏、走道，合理组织饲料、粪便运送路线，结合当地的实际情况和气候地理条件，选用适宜的生产工艺和饲养管理方式，充分发挥猪只的生产潜力，同时提高饲养管理工作者的劳动效率。

1.猪舍的形式

（1）按屋顶形式：猪舍有单坡式、双坡式等。单坡式一般跨度小、结构简单、造价低、光照和通风好，适合小规模猪场。双坡式一般跨度大，双列猪舍和多列猪舍常用该形式，其保温效果好，但投资较大。

（2）按墙的结构和有无窗户：猪舍有开放式、半开放式和封闭式。开放式是三面有墙一面无墙，通风透光好，不保温，造价低。半开放式是三面有墙一面半截墙，保温稍优于开放式。封闭式是四面有墙，又可分为有窗和无窗两种。

（3）按猪栏排列：猪舍有单列式、双列式和多列式。

2.猪舍的基本结构

猪舍主要由墙壁、屋顶、地面、门窗、粪尿沟、隔栏等构成。

（1）墙壁：要求坚固、耐用，保温性好。比较理想的墙壁为砖砌墙，要求水泥勾缝，离地0.8～1.0米水泥抹面。

（2）屋顶：比较理想的屋顶为水泥预制板平板式，并加15～20厘米厚的土以利保温、防暑。目前，多采用空气仓缓冲技术，房顶单顶，由约10厘米厚泡沫板组成，起到夏天隔热、冬天预热的作用。

（3）地板：地板要求坚固耐用，渗水良好。比较理想的地板是水泥勾缝平砖式（新技术）。其次为夯实的三合土地板，三合土要混合均匀，湿度适中，切实夯实。水泡粪技术地面为金属网地面。目前提倡标准化猪场采用水泡粪技术，舍内金属网或水泥漏缝地板下约1.5米深，底倾斜，在低的一端设有排污管道。

（4）粪尿沟：开放式猪舍要求设在前墙外面；全封闭、半封闭（冬天扣塑棚）猪舍可设在距墙40厘米处，并加盖漏缝地板。粪尿沟的宽度应根据舍内面积设计，至少有30厘米宽。漏缝地板的缝隙宽度要求不得大于1.5厘米。

（5）门窗：开放式猪舍运动场前墙应设有门，高0.8～1.0米，宽0.6米，要求特别结实，尤其是种猪舍；半封闭猪舍则于运动场的隔墙上开门，高0.8米，宽0.6米；全封闭猪舍仅在饲喂通道侧设门，门高0.8～1.0米，宽0.6米。通道的门高1.8米，宽1.0米。无论哪种猪舍都应设后窗。开放式、半封闭式猪舍的后窗长与高皆为40厘米，上框距墙顶40厘米；半封闭式中隔墙窗户及全封闭猪舍的前窗要尽量大，下框距地应为1.1米；全封闭猪舍的后墙窗户可大可小，若条件允许，可装双层玻璃。

（6）猪栏：除通栏猪舍外，在一般密闭猪舍内均需建隔栏。隔栏材料基本上有砖砌墙水泥抹面及钢栅栏两种。纵隔栏应为固定栅栏，横隔栏可为活动栅栏，以便进行舍内面积的调节。

3.猪场设计

（1）公猪舍：公猪舍多为带运动场的单列式单圈。给公猪设运动场，保证其充足的运动，可防止公猪过肥，对其健康和提高精液品质、延长公猪使用年限等均有好处。公猪栏要求比母猪栏和肥育猪栏宽，隔栏高度为1.2～1.4米，面积一般为7～9平方米，采用不过滑或过粗糙的水泥地面及高压水泥砖地面（强固且可防滑），栅栏结构采用混凝土或金属以便于通风和管理人员观察和操作。

（2）空怀母猪舍、妊娠母猪舍：空怀母猪舍、妊娠母猪舍可为单列式（可带运动场）、双列式、多列式等几种，空怀母猪栏、妊娠母猪栏有两种：一种是单体栏，另一种是小群栏。妊娠母猪栏多为限位栏，单体栏栏长2～2.2米，栏宽0.65米，栏高1米。小群栏栏高一般为1～1.2米，每个栏位面积为7～15平方米。空怀母猪最常用的一种饲养方式是分组大栏群饲，一般每栏饲养空怀母猪4～5头。圈栏的结构有实体式、栏栅式、综合式三种，猪圈布置多为单走道双列式，地表不要太光滑，以防母猪跌倒。

栏的地面布局为栏体顶部外侧为砖结构料水槽，0.6米的漏粪栅，粪栅下面是清粪斜坡与0.3米宽的粪尿沟相连。限位栏按照宽度分为60厘米和65厘米两种，其中60厘米为初产母猪用，65厘米为经产母猪用。长条形料水槽净宽25厘米，底部呈弧形，倾斜度为0.5°，槽深20厘米，外侧比内侧高5厘米，内侧在头部下面向内7厘米处。在最后一个栏底部的最低处附近做一个约10厘米高的水泥挡水小坝，小坝外侧的底部做一个与地面小明沟相通的排水小孔，小明沟与粪尿沟相连。为便于夏天通风，限位栏的尾部墙上离地约15厘米处开一排45厘米×45厘米的移动小窗。通风设备根据实际需要安装在猪舍两端墙壁上，高度在离地1.7米左右的位置。

（3）分娩舍：分娩舍采用小单元、双列式，分娩栏长度一般为2～2.2米，宽为1.7～2.0米；母猪限位栏的宽度为0.65米，高1.0米。分娩栏内分娩护仔栏宽度一般为0.6～0.7米，高0.5米左右。防止踏压仔猪，便于哺乳，栏前有食槽、饮水器，栏的两侧为仔猪活动场地，一侧放有仔猪保温箱，箱上设有红外线灯泡，箱的下缘一侧有20厘米高的出口，便于仔猪进出活动。同时箱体可以折叠，夏季不用时折叠竖于栏的一侧。分娩床两旁小猪活动区为全塑漏缝地板，母猪活动区为铸铁漏缝地板，有利于清洁排污和消毒灭菌。产床下面为漏粪斜坡，一旁为清粪沟，有条件的可以安装刮粪机。

（4）仔猪保育舍：刚断奶的转入仔猪保育栏的仔猪，生活上是一个大的转变，由依赖母猪生活过渡到完全独立生活，对环境的适应能力差，对疾病的抵抗力较弱，而这段时间又是仔猪生长最迅速的时期，因此，保育栏一定要为小猪提供一个清洁、干燥、温暖、空气新鲜的生长环境。目前，我国现代化猪场多采用高床网上保育栏，主要由金属编织漏缝地板网、围栏、自动食槽、连接卡、支腿等组成。金属编织网通过支架设在粪尿沟上（或实体水泥地面上），围栏由连接卡固定在金属漏缝地板网上，相邻两栏在间隔处设有一自动食槽，供两栏仔猪自动采食，每栏安装一个自动饮水器。网上饲养仔猪，粪尿随时通过漏缝地板落入粪沟中，保持了网床干燥、清洁，使仔猪避免粪便污染，减少疾病发生，大大提高仔猪成活率，是一种较为理想的仔猪保育设备。仔猪保育栏的长、宽、高视猪舍结构不同而定，常用的规格为栏长2米，栏宽1.7米，栏高0.6米，侧栏间隙0.06米，离地面高度为0.25 ~ 0.3米。可养10 ~ 25公斤的仔猪10 ~ 12头，使用效果很好。在生产中因地制宜，保育栏也采用金属和水泥混合结构，东西面隔栏用水泥结构，南北面隔栏仍用金属，这样既可节省一些金属材料，又可保持良好通风。

（5）生长肥育舍：现代化猪场的生长肥育舍均采用大栏饲养，其结构类似，只是面积大小稍有差异，一般平均为每头1平方米。生长肥育猪栏采用实体、栅栏和综合三种结构。常用的有以下几种：一种是采用全金属栅栏和全水泥漏缝地板，也就是全金属栅栏架安装在钢筋混凝土板条地面上，相邻两栏在间隔栏处设有一个双面自动饲槽，供两栏内的生长肥育猪自由采食，每栏安装一个自动饮水器供自由饮水。另一种是采用水泥隔墙及金属大门，地面为水泥地面，后部有0.8～1.0米宽的水泥漏缝地板，下面为粪尿沟。生长肉猪栏的栏栅也可以全部采用水泥结构，只留一金属小门。

4.猪舍有关设施设备

（1）采食设施：

①料槽料桶：饲槽有方形和圆形自动落料饲槽。自动料桶如图1.1所示，一次可装饲料50～60公斤，供40头猪用。料桶安装在隔栏处，距走道隔栏25～40厘米，两栏共用一个料桶。

图1.1　自动料桶

②饮水设施：选用直径2.5厘米PPR（三丙聚乙烯）管，每栏留2个出水口，安装2个自动饮水器，饮水器距地面38厘米。自动饮水器如图1.2所示。猪用自动饮水器有鸭嘴式、杯式、乳头式等，目前普遍采用鸭嘴式自动饮水器。水压以饮水乳头每分钟流量不少于2000毫升为宜。

图1.2 自动饮水器

（2）通风降温设施：

①风机：在猪舍一端山墙安装2台风机，100头存栏，2台风机分别选直径为80厘米和110厘米；150头存栏，2台风机分别选直径为110厘米和140厘米；200头存栏，2台风机全选直径为140厘米。风机距离地面高1.0米，两风机净距1.2米；并安装舍温定时控制器1个，控制风机的开关时间。风机如图1.3所示。

②水帘：在夏季比较热的地区，在未装风机一端的山墙上，应安装湿帘，用于降低猪舍温度。湿帘高1.2米，宽3米，湿帘下部距地面高80厘米。湿帘可用地下窖池的水循环使用。湿帘墙上部预装一条与湿帘墙长度相同的滴管，用于连接水管；下部建有集水槽，与排水管连接。湿帘如图1.4所示。

5.粪尿处理设施

（1）沼气池：粪尿从漏缝沟或排粪尿沟直接进入沼气池进行发酵处理。沼气池的建造由有资质的施工人员按照有关标准施工。

图1.3 风机

图1.4 湿帘

（2）沉淀发酵池修建：固液分离处理粪尿。湿粪清出圈舍后堆积发酵处理。尿液采用二次沉淀发酵处理。按存栏猪计算，尿液进入的第一个池按每头0.12立方米计算，第二个池按每头0.1立方米计算。池壁用24厘米砖建设，水泥砂浆抹面2.0厘米厚，要求不能漏水。两个沉淀发酵池相通，相通口直径为10厘米，第一个池相通口比第二个池低，落差20厘米，第一个池相通出口在池面下40～50厘米处，相通口安装过滤网。

6.防疫设施

（1）周边隔离设施：猪场四周应建围墙，围墙附近种植树木，形成绿化带。

（2）消毒设施：在饲养区的大门入口处设置水泥消毒池，消毒池长5米，宽同门，深20～25厘米，消毒池边缘平整，不透水。各栋猪舍入口也布设消毒池，池与门同宽，深0.1米，长1.0米。在生产区入口设置人员消毒间，消毒间长3.0～5.0米，宽2.0～3.0米，高2.5米以上，在顶部或墙壁上缘装紫外线灯2～3只。

（3）装猪台：规模较大的猪场应在猪舍附近建设装猪台，装猪台入口与猪舍相连通。装猪台设两个出口，便于不同高度车辆装猪用，高度分别为1.4米和1.8米，宽60～70厘米。

（4）饲料库：饲料库设在生产区与生活管理区相邻处。饲料库应分别设置通向生产区外的卸料门和通向生产区的取料门。取料门与净道相连。

7.配套工程

（1）供水工程：规模化猪场宜采用无塔恒压供水装置，或保证供水压力为0.15～0.2兆帕的水塔、蓄水池和压力罐等配套装置。采用蓄水构建物供水时，其容积符合表1.1要求。场区内的生产和生活污水采用暗沟排放，雨雪等自然降水采用明沟排放，二者不得混排。

表1.1　猪场蓄水构建物容积

建设规模（头/年）	1000	2000	5000	10000
蓄水构建物容积（立方米）	30	50	80	100

（2）电力配套：电力负荷等级为二级。当地满足不了二级供电时，应设置自备电源。电线、电缆均采用铜芯绝缘线。

（3）饲料加工：饲料加工间和饲料库的配置应符合保证生产、便于周转、合理储存的原则，原料库储量一般不小于1个月原料需用量。饲料加工间应与建设规模相适应。不同规模配套饲料加工间生产能力按表1.2确定。

表1.2　饲料加工车间配套生产能力

建设规模（头/年）	1000	2000	5000	10000
设备生产能力（吨/时）	0.5～1.0	1.0～1.5	1.5～2.0	2.0～2.5

第二节　生猪标准化高效养殖模式

一、标准化养猪150模式

标准化养猪150模式是近年来为推动生猪标准化养殖而推广的一种科学养猪新模式。该模式的内容是指建造一栋具有恒温、自动采料、化粪处理功能的全封闭式猪舍（面积为220平方米），每批饲养150头优质猪，饲喂高品质饲料，采用统一标准的饲养管理和疫病控制技术，以生产出优质、安全的商品猪。该模式猪舍环境可控，猪自由采食、自动饮水、全进全出，一年可出栏三批共450头商品猪。因其具有安全、环保、节约、低风险等特点，已成为农村小规模、大群体养猪发展的方向。150标准化猪场建设布局工艺见图1.5。

1.模式特点

（1）标准化的饲养技术：标准化模式结合新的理念，采用配套的标准化养猪生产技术，也就是饲养良种三元猪（杜洛克、长白、大白猪），提供猪只生长发育的最佳环境设施，饲喂高品质无公害标准饲料，采用统一标准的饲养管理和疾病控制技术，生产出安全、优质、新鲜的畜产品。

（2）就地取材，因地制宜：此种模式可以结合当地的地理和资源条件，建造适合本区域的标准化猪舍，并配套相关的标准化饲养技术。

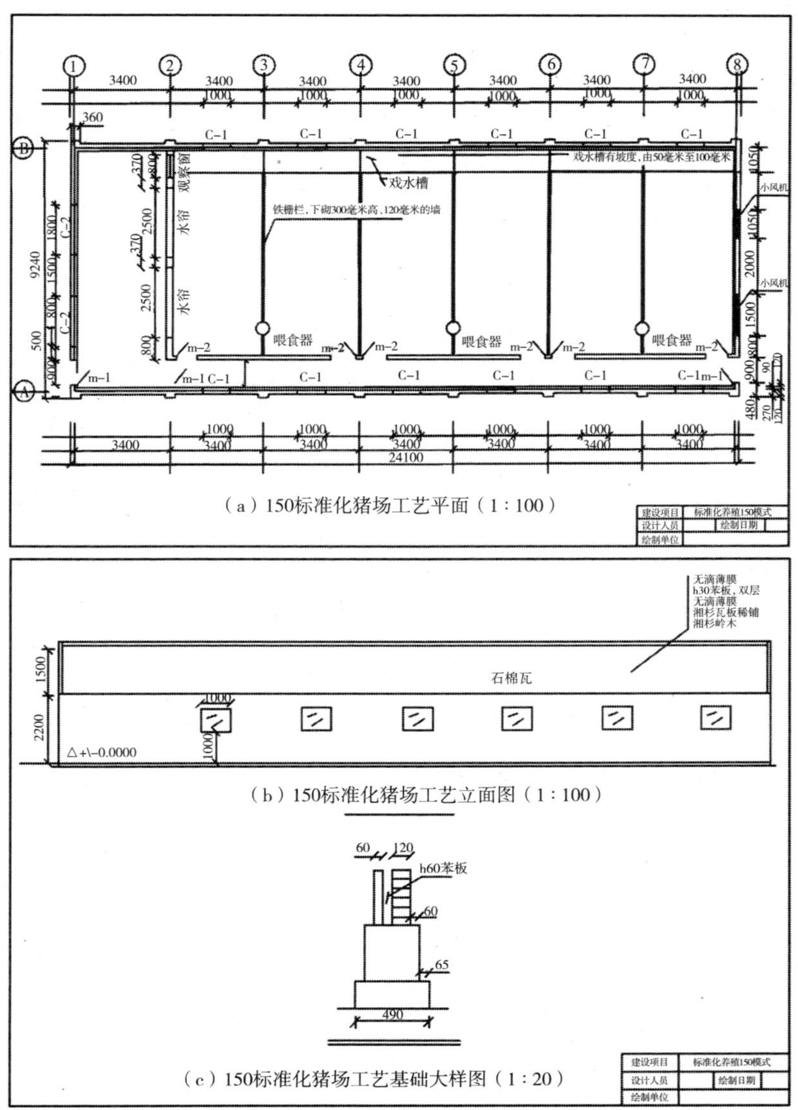

（a）150标准化猪场工艺平面（1∶100）

（b）150标准化猪场工艺立面图（1∶100）

（c）150标准化猪场工艺基础大样图（1∶20）

图1.5　150标准化猪场建设布局工艺

（3）低成本、高效率、高效益：此种标准化模式投资成本低，给猪提供一个理想的生长环境，达到了冬暖夏凉，充分发挥了猪只生产潜能。采取自由采食饮水，提高了饲料利用率，缩短了饲养周期。节约人力物力，提高了养殖经济效益。严格的疾病预防和控制，降低了养殖风险。实施标准化生产，提供安全优质食品。采取化粪处理，配合沼气发展，减少了环境污染。

2.猪舍构造特点

标准化圈舍为全封闭，屋顶、围墙经保温隔热处理。采用火道式或热风供暖，纵向负压式通风，水帘降温，装有自动喂料、自动饮水设施。肥育猪实行大栏饲养，种猪采用定位栏和产床饲养。猪舍设有戏水池（猪厕所）及漏缝沟，设置化粪池、沼气池，减少环境污染，操作简单、方便，省工省时。

（1）猪舍的建筑：

墙体：①标高水平以下以两层50厘米宽的墙为基础，上加三层37厘米宽的墙至水平墙面，水平面以上纵墙高200厘米，两边山墙中心高220～230厘米。纵墙为30厘米宽的实心墙。②保温墙做法：由内到外依次为1：2砂浆1厘米内粉，12厘米砖墙作内墙，6厘米保温材料（密度10公斤/立方米聚苯板），12厘米砖墙作外墙。③外墙面为清水面墙加浆勾缝，1：2水泥砂浆粉脚50厘米高以防溅水。④窗户高度距水平面100厘米，框高70厘米，宽100厘米。向内斜开，窗扇两边加挡风隔板并有密封条，通风窗高70厘米，长100厘米（外径尺寸），窗扇同上，窗户及通风口四周为实心墙。猪舍山墙的剖面图和立面图见图1.6。

圈舍坡降：①圈舍横向坡降为0.3%，走道应高于圈面12厘米。②戏水池坡降0.3%（两端落差6厘米），戏水池沿高15厘米，外沿高于圈面10～15厘米。③排水沟坡降1%。

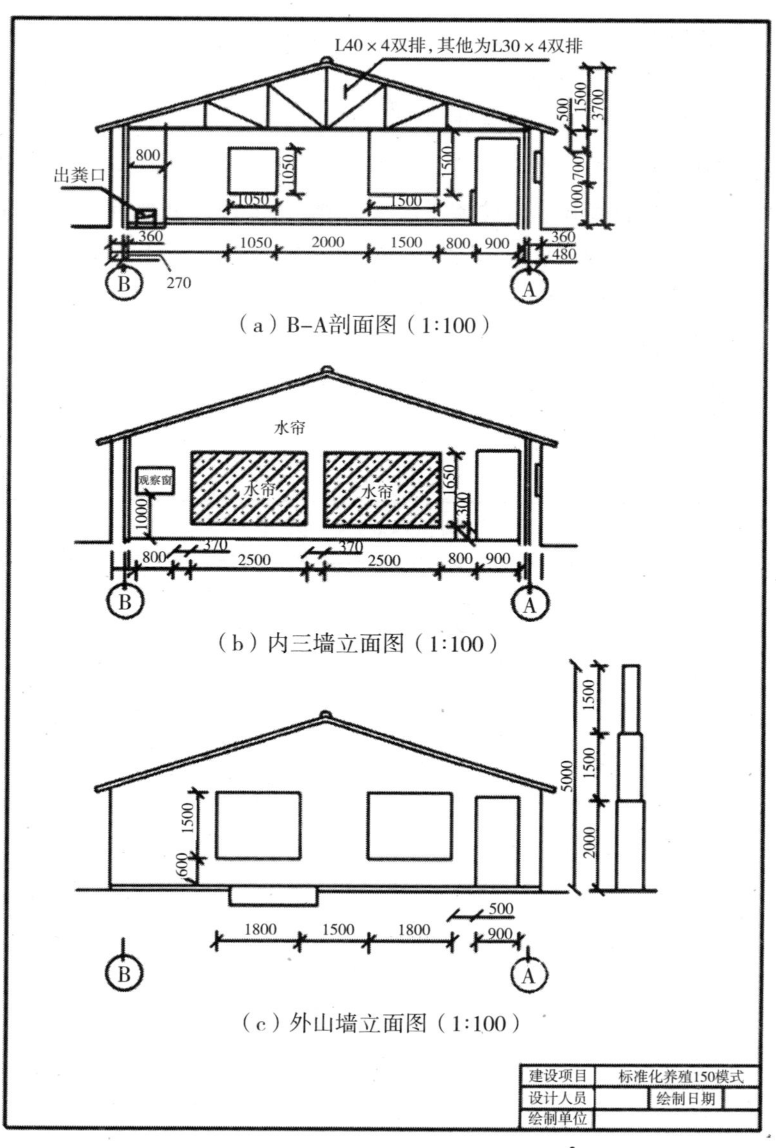

图1.6 猪舍山墙的剖面图和立面图

采暖烟道及烟筒：①采暖烟道为U形回转，火道间距离100厘米。②入口烧火处高60厘米，宽60厘米；烟道入口处高40厘米，宽40厘米；U形烟道处前端高35厘米，后端高30厘米，出口处高20厘米，烟道宽40厘米。③烧火炉条下的进风口高度为60厘米。④入火烟道低于出火烟道水平5厘米，体现“低处进烟，高处出烟”，入火烟道靠近戏水池，出火烟道靠近人行走道。出火烟道离猪栏门100厘米。⑤烟筒高300厘米以上，分别是62厘米宽的墙100厘米，50厘米宽的墙100厘米，37厘米宽的墙100厘米。烟筒与烟道连接处内径40厘米，宽25厘米逐渐向上收到12厘米×12厘米。火道平面布置见图1.7。

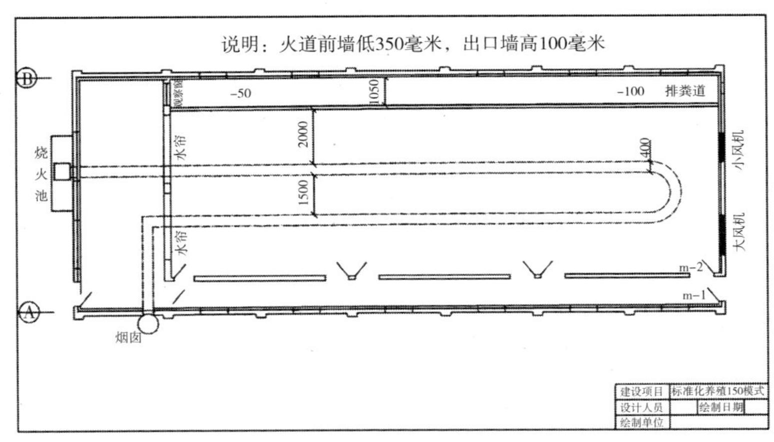

图1.7 火道平面布置图（1∶100）

戏水池：①戏水池宽105厘米，紧贴内墙，戏水池沿与缝漏沟间距10厘米，戏水池应做防渗处理。②戏水池排粪出口要成下漏排粪，出口装堵水口。

缝漏沟：漏缝沟沿宽50厘米，沟宽40厘米，沿高5厘米，上铺50厘米×100厘米的漏缝地板，沟深高度从进口的20厘米到出口的40厘米，沟底部呈U形。

屋顶：①屋顶做法：由下至上为屋架、檩条、无滴薄膜，两层3厘米聚苯板错开布置（容重约为18公斤/立方米）、无滴薄膜，用铁丝固定，石棉瓦面（或彩钢瓦）。②屋架：可采用钢架屋架，也可采用木材“人字梁”做屋架，但要根据选用材料适当增加支柱。

地下基础及地面：地基为2：8或3：7灰土15厘米夯实或平铺6厘米厚砖，上铺1：2.5或1：3水泥砂浆2厘米厚，表面要粗糙。

隔栏、料桶：①隔栏下部为12厘米砖墙，高50厘米，两侧水泥砂浆1厘米粉刷，上部两根间距20厘米钢管横向排列，每间距200厘米加一竖栏固定。②料桶采用自动料桶，料桶距走道隔栏25~40厘米，以便于投料为宜。料桶宽73厘米。③戏水池上部用直径12毫米钢筋隔栏，竖排钢筋间隔不超过8厘米，隔栏两侧用卡环与墙壁和圈栏连接。

猪舍按存栏量安排舍内面积，150头存栏舍宽8.1米，长24米，走道宽90厘米。进门处留2.5平方米的操作间，猪栏宽3.5米，长8.1米。

（2）饮水系统：

①进水管选用6厘米以上的管道，入舍处要从烟道上方地面通过，使冬季水温升高。

②舍内管道可选用PVC（聚氯乙烯）管，在戏水池上方120厘米处固定，每栏留两个以上出水口。

③在钢筋隔栏中部上焊接两个3~4厘米长的1英寸（1英寸=2.54厘米）铁管环，上部铁管环在钢栏顶部，打一孔丝，安装一固定螺钉，下部一个距水平面60厘米，饮水器铁管用4分铁管，长90厘米，穿入铁管环，饮水器铁管下部安装一个三通，上接两个饮水乳头，上部用软管与饮水管道连接，以便于调节饮水口高低。

④每个栏内至少分开安装两个以上饮水乳头，每个饮水活动铁管三通连接两个饮水乳头，纵向伸向两个栏舍。

⑤饮水压力：单舍水塔20立方米，高度不低于5米，水压以饮水乳头每分钟流量不少于500毫升为宜。

（3）环境控制系统：

①排风扇装在入口处，对侧山墙上安装110厘米×110厘米和75厘米×75厘米的负压风机各1个。

②风扇底部距地面100厘米，两风机间隔2.5米，110厘米×110厘米风机靠近戏水池，75厘米×75厘米的风机靠近人行走道。

③湿帘离地30厘米，放中间。

二、生态养猪模式

随着养猪规模化、集约化程度的不断提高，我国养猪业当前面临着三大难题：一是质量安全，二是效益提高，三是环境治理。由这三大问题直接表现出来的药物残留、能源缺乏、饲料短缺、疫病频繁、环境污染等已成为限制我国养猪业发展的瓶颈。

新时期社会的发展，需要把生猪产业建设成为环境友好、以人为本、自然社会资源合理利用、产业和谐发展的可持续新型畜牧产业。国内外的科研人员利用微生物发酵技术完善和改进了猪舍和饲养管理模式，形成了生态、循环养猪技术，又称自然养猪法。它是集养猪学、营养学、环境卫生学、生物学、土壤肥料学于一体，以养猪业为主体进行开发、利用发酵微生物对猪排泄物科学处理，实行农牧结合，做到科学利用、互相促进、低投入、高产出、无污染的良性循环的养猪系统工程。

1.概念

生态养猪就是尊重猪只生存的基本权利，以生产绿色猪肉产品为目标，在不破坏自然环境的前提下，顺应自然规律并最大限度地开发和灵活利用当地自然资源从事高效的养猪生产。它是以锯末和农作物秸秆等为垫料原料，在垫料上接种多种复合有益微生物制作发酵床，利用有益微生物菌落的发酵，使猪排在发酵床上的粪尿有机质得到充分分解和转化，以消除和降低有毒有害气体排放为核心，并通过圈舍改建，尽量为猪提供良好的生活成长环境，使猪健康快速成长的无污染、高效的一种科学养猪模式。这种养猪新技术可以大大缓解传统规模养猪带来的环境污染和质量安全等问题，并有显著的节能增效等特点。

各地对生态养猪技术的叫法各异，主要有发酵床养猪、自然养猪、生物环保养猪、清洁养猪、微生态养猪、懒汉养猪、零排放养猪等，但其本质都是一样的，统称生态养猪法。

2.技术优点

实践证明，生态养猪法与传统养猪法相比主要有以下五个方面的优点。

（1）猪舍建设易取材：猪舍的建造坚持因地制宜、因陋就简、就地取材、经济实用原则，风格可以多样化。发酵床垫料以锯末、稻壳和农作物秸秆为主，易取材，成本低。

（2）生产效率增高：不用每天清扫猪圈和粪尿，仅做喂料、翻耙垫料、清扫饲喂台、调整温湿度等工作，一般每人可饲喂800～1000头猪，节省劳力30%～50%；除饮用水外，猪舍基本不再用水，可节水75%～90%；猪在垫料上拱食菌体蛋白、酵母素，可有效改善肠道环境，提高了饲料转化率，可节省饲料10%～15%；猪在垫料上活动，恢复了自然习性，应激性小，基本无病原菌传播，减少了药残，死亡率可降低4%。

（3）变废为宝，改善生态环境：养猪场内外无臭味，氨气含量显著降低，养殖环节消纳污染物，在发酵制作有机垫料时，锯末、稻壳、花生壳、玉米秸秆等农业废弃物均可作为垫料原料加以使用，通过土壤微生物的发酵，这些废弃物变废为宝，变成优质有机肥料，从根本上解决了粪便处理和环保难题，实现“零排放”和生态环保养殖。

（4）效益显著：生态养猪法生猪增重快，饲料报酬率高，省水省力，即使不考虑人力的节约和优质优价的因素，仅节约饲料20%、节约水75%～90%，节省劳动力30%～50%，每头猪就可增收80～120元。

（5）提高猪肉品质：生态养猪结合特殊猪舍，使猪舍通风透气、阳光普照、温湿度均适合于猪只生长，再加上运动量的增加，符合动物福利要求，猪能够健康地生长发育，机体抗病力增强，发病率减少，不再使用抗生素、抗菌药物，提高了猪肉品质，生产出的猪肉产品肉色红润、纹理清晰，市场竞争力增强。

3.技术要点

生态养猪法的技术要点：一是合理设计猪舍，二是选用和生产菌种，三是发酵床的制作和管理。猪舍的设计和建造十分重要，既可以在原有猪舍的基础上加以改造，也可以按照生态养猪法技术标准新建。在猪舍的建造方面，一般要求猪舍东西走向，坐北朝南，充分采光，通风良好，南北可以敞开。菌种是生态养猪法的关键因素，质量的好坏直接关系到发酵床能否成功。目前，菌种的来源主要有两种：一是土著菌种。从自然界直接采集而来。二是商品菌种。发酵床的制作和管理尤为关键。选择的菌种不同，制作方法也有差异，应严格按照说明书进行操作。发酵床垫料的选择要因地制宜，一般以锯末、稻壳为主。发酵床的管理主要是通过监控猪舍的温度、湿度，采取翻耙等措施，为发酵床正常发酵提供良好的环境条件。

4.圈舍建设

应用生态养猪法的猪场或小区在选址、场区规划布局没有特殊要求和变化，和传统养猪的场区相同，主要是圈舍建设有一定的条件要求。

（1）猪舍平面设计：猪舍宽度一般为8米，最好不要超过9米；猪舍长度根据实际情况而定，一般为20米左右，但不要超过50米（过长不利机械通风）。猪舍内为单列式布局，靠一边檐墙为人行走道，宽1.0米；排水槽与水泥饲喂台设为一体，饲喂台宽1.3～1.5米；排水槽宽15～20厘米；饲喂台后是发酵床，宽5.5～5.7米，一般应在4米以上；为了便于猪群管理，一般每7～8米设一隔栏，可饲养肥育猪40头左右。生态养猪圈舍平面布局如图1.8所示。

保育猪舍与肥育猪舍建筑形式基本相同，但建筑要求不同（隔栏长度为60厘米）。同样面积饲养数量比肥育猪增加1倍。

（2）舍围墙：生态养猪法，猪舍的围墙高度一般为夏季通风的首选考虑因素，墙体高度应为2.6～3.0米，猪舍墙厚24厘米。生态养猪圈舍如1.9所示。

图1.8　生态养猪圈舍平面布局

图1.9 生态养猪圈舍

北方地区冬季较为寒冷，如有条件猪舍墙可建造保温墙。具体方法是：由内到外依次为1：2砂浆1厘米内粉，12厘米（或6厘米）砖作内墙，6厘米保温材料（低密度聚苯板或其他保温材料），12厘米砖墙作外墙。

（3）窗户：由于生态养猪发酵床微生物不断发酵产生热量，因此，猪舍的窗户面积比一般的猪舍要求大一点，距离地面的高度要低一点，特别是夏季要加大猪舍内空气的对流散热。传统的标准化猪舍窗户与猪舍内地面的面积比例一般为1：（10～15），而生态养猪法的猪舍窗户和地面面积比则需提高到1：（5～8），一般南墙窗户大于北墙窗户。每个窗户的面积为2.0～3.5平方米。保育猪舍窗户面积每个可减少0.5平方米。窗户下部距地面一般60厘米左右。

（4）饲喂台：在猪舍内设置水泥饲喂台的主要作用：一是防止垫料污染饲料，影响采食量；二是夏天高温季节为猪只提供趴卧休息凉爽区，以减少发酵床过热对猪的影响；三是有利于生猪肢体发育，这一点对种猪饲养尤其重要。

在建造水泥饲喂台时，应向走道一侧倾斜2%～3%的坡度，使猪饮水时滴漏的水流出饲喂台，防止浸湿垫料。

（5）地面：在建造猪舍时，地下基础部分可采用2：8或3：7的白灰和土夯实15厘米；发酵床以外地面打10厘米厚的混凝土，水泥抹面；人行过道与饲喂台相连处修排水槽（主要用于排泄猪饮水时漏饮的多余水），形状设置成“U”形的明槽，槽宽15～20厘米，槽深5厘米左右，排水槽向一边倾斜，连到猪舍外集中收集排出。生态养猪法地面施工如图1.10所示。

图1.10 生态养猪法地面施工

5.发酵床建造

（1）发酵床建造形式：发酵床建造形式有地上、地下和半地上式三种。地下水位较高或土壤排水效果差时，可采用半地上或全地上式。地下水位低时可采用地下式。发酵床建造形式如图1.11所示。

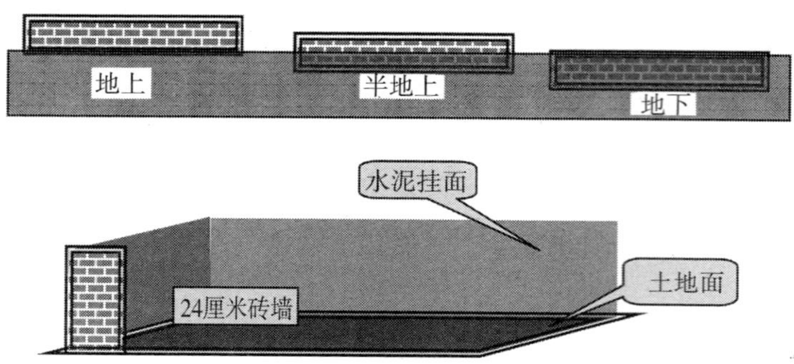

图1.11　发酵床建造形式

（2）发酵床体建造要求：发酵床的深度一般为80～100厘米，最低不能小于50厘米。发酵床面积的确定应根据猪的种类、大小和饲养数量的多少来计算。实践经验表明，保育猪为每头0.3～0.8平方米，一般按每头0.5平方米计算；肥育猪每头0.8～1.5平方米，一般按每头1.2平方米计算。一栋猪舍发酵床应相互贯通，中间不能打横格；发酵床四周用24厘米砖墙砌成，内部表面水泥抹面；一般床体下面的原土质作夯实处理。如地下水位较高，可用水泥或者砖块处理。发酵床体建造如图1.12所示。

图1.12　发酵床体建造

（3）发酵床垫料原料准备：制作发酵床的垫料需要满足以下几个条件：一是高效的发酵菌母种。发酵菌母种活力的高低决定了粪便分解和垫料发酵的效率。二是具备一定的微生物营养源。三是适宜的酸碱度。四是透气性好。五是一定的保水性。六是合理的厚度。

当前，国家对生态养猪法菌种的生产和管理尚无统一的技术标准，养猪户使用的菌种品种较为杂乱，质量参差不齐，如何辨别和选择菌种尤为重要。第一，要选择正规单位制作的菌种。正规单位生产的成品菌种，一般发酵功能强、速度快，性价比较高。第二，菌种包装要规范。一般正规单位提供的成品菌种包装印刷都比较规范，不仅有详细的产品使用说明或技术手册，而且有主要成分介绍、单位名称和联系电话，售后服务良好，技术较为可靠。第三，菌种色味要纯正。成品菌种应是经过纯化处理的多种微生物的复合物，并非单一菌种，颜色纯正，无异样味道。第四，菌种信誉、口碑要好。养殖户在选用成品菌种时，一定要多方了解，选择有研究和试点基础、信誉好的单位提供的菌种，多与已经使用菌种的养殖户交流，以确认其使用效果。

制作发酵床的垫料原料主要有锯末、稻壳、麸皮等。锯末的作用主要是保持水分，为菌种发酵提供水分和碳元素；稻壳的主要作用是疏松透气，为菌种发酵提供氧气，也可用经过粉碎的花生壳、玉米芯、玉米秸秆等农作物代替；麸皮的主要作用是为菌种提供营养，也可用玉米粉、米糠代替。这些原料应当新鲜、无霉变、无腐烂、无异味、无毒害，不能含有防腐剂、驱虫剂等。

在实际生产中，最常用的垫料组合有“锯末+稻壳”“锯末+玉米秸秆”“锯末+花生壳”等，但不管哪种组合，其锯末占垫料的比例不要低于30%。实践经验表明，目前“锯末+稻壳”的组合效果较好，“锯末+花生壳”次之。“锯末+稻壳”组合中以50%锯末+50%稻壳的比例组合效果是最好的。

6.发酵床管理

（1）定期翻耙：进猪以后的发酵床，要定期翻耙，主要是为了提高发酵床的透气性。进猪后从第2周开始，一般每周根据垫料湿度和发酵情况翻耙垫料1～2次，深度在30厘米。如垫料太干，视情况向垫料表面喷洒适量水分，用铁叉把特别集中的猪粪分散开来；在特别湿的地方按垫料制作比例加入适量锯末、谷壳等新垫料原料，用铁叉把比较结实的垫料翻松，把表面凹凸不平之处整平。从进猪之日起每隔50天，深翻垫料一次，并视情况补充适当水分、垫料原料和发酵菌种。

（2）发酵床使用年限：垫料的理想使用年限为4.06年。由于生猪生产是一个动态变化的过程，粪尿并不是均衡生产，而且垫料发酵效率受日常管理、天气状况、菌种活力、原料种类、饲养密度等多种因素影响，部分营养物质在使用过程中会转化或者挥发。因此，垫料的实际使用年限要小于理想使用年限。从各地实际使用情况来看，一般“锯末+稻壳”组合使用年限为2～3年，也就是说2～3年清理一次垫料，也可根据情况提前清理垫料。

（3）猪出栏后发酵床垫料的处理：生态养猪法倡导使用全进全出制管理猪群，当猪群转群或销售出栏一批猪后先将发酵垫料放置干燥2～3天，蒸发掉部分水分，再将垫料从底部均匀翻动一遍，看情况可以适当补充米糠或麸皮与菌种添加剂，重新由四周向中心堆积成梯形，表面覆盖麻袋等透气覆盖物使其发酵至成熟，充分利用生物热能杀死病原微生物。

7.饲养管理工艺

（1）进猪前的准备工作：猪在进入猪舍前，同样要做好圈舍消毒以及猪的免疫、驱虫等准备工作，对于发酵床养猪，这些工作要求更为严格。入舍时猪只要大小均衡、健康，饲养密度要适当，饲养密度可按以下标准安排：小于60公斤的猪为每头0.8～1.2平方米，70公斤以上的猪为每头1.2～1.5平方米。

（2）进猪初期需要注意的问题：猪刚刚进入发酵床，由于猪粪尿较少，发酵床表面较为干燥，猪只活动特别是在奔跑过程中会出现扬尘，如果严重，则会增加猪的呼吸道疾病的发病率。因此，要多观察，可适当洒水或喷雾来调整垫料的湿度，尽量避免扬尘出现，保持舍内空气清新。同时，要每天清扫舍内卫生，将饲喂台上的粪便、垫料残渣清扫到垫料区；对猪粪便要进行适当调整，使其均匀分布在垫料区，尽量不要堆积，以加快其分解。

（3）消毒和防疫措施：和传统养猪方法相比，生态养猪法消毒、防疫等措施更为严格。正常饲养管理条件下，猪舍内垫料不宜直接使用广谱消毒药进行消毒，也不提倡实施猪体消毒，以保证舍内有足够的有益菌浓度。一般情况下，舍内走道、饲喂台、墙壁等地方用火焰、蒸汽等物理消毒措施为佳，垫料区实行深翻堆积，利用产生的生物热能高温消毒。猪舍外按照常规要求进行消毒，阻断病原微生物的传播。防疫要按照免疫程序进行，而且必须使用国家批准生产或已注册的疫苗，并切实做好疫苗的管理、保存工作，严格执行“一猪一针”的免疫注射技术规范要求，防止交叉感染。

（4）猪发病后发酵床的处理：与一般规模化养猪场相同，在猪场应修建隔离舍，猪发病后应及时转到隔离舍进行隔离治疗或淘汰，始终保持生产区所饲养的猪都是健康状况良好的。如猪使用抗生素等药物，其排泄物会对垫料产生一定影响，治愈后观察1周或停药1周后才能进入发酵床再次饲养。发生重大动物疫情，对污染严重的垫料要进行销毁处理；出现一般普通病，污染较轻的垫料重新堆积发酵后可继续使用。

（5）猪舍管理方法：猪皮下脂肪较厚，汗腺不发达，夏季高温天气会造成猪的热应激。生态养猪法采用了发酵床养猪，发酵床内微生物在分解粪尿的同时产生生物热，使舍内温度升高。因此，夏季给猪舍降温尤为重要。夏季降温通常采取的办法主要有：一是在自然通风的基础上，增加机械通风，开启湿帘降温；二是洒水或者喷雾降温；三是通过调低垫料厚度等方法，抑制垫料发酵，起到降温的目的；四是降低饲养密度。

冬季猪舍的管理要注意以下几点：一是严格遵守通风换气的原则，宁可温度下降，也要开启门窗将被污染的空气和水蒸气排出去；二是要设置防风墙，特别是寒冷地区要防止“贼风”进入猪舍，以免引起猪只感冒；三是注意防湿，湿冷环境会严重影响猪的生长发育。与此同时，为了提高猪舍温度，提高发酵效率，可适当增加猪的饲养密度。

（6）日粮要求：生态养猪法相对于传统规模饲养，对饲料没有更多特殊的要求，只是鉴于垫料微生物的生长繁殖，饲粮应禁止添加抗生素，尽量使用有机微量元素添加剂，选择有益微生物生存环境的相关饲料。

三、标准化养猪小区模式

养猪小区是现阶段养猪生产从零星散养向规模集约化发展，由传统饲养向标准化生产发展的过渡形式。为提高生猪标准化规模生产水平，以“资源节约、质量安全、环境友好”为基本目标，按照相对统一，同时兼顾不同地区自然和地理条件，特总结以下小区建设规划的原则和标准。

1.养猪小区建设

养猪小区实质上就是一个养猪生产场。因此，养猪小区的选址和布局应符合规模养猪场的选址和布局要求。

养猪小区的建设规模应根据本地区畜牧业发展规划、资源、群众投资和市场需求，以及建场土地条件、技术和管理水平等因素综合考虑确定。一般小区建设规模按年出栏商品肥育猪2000～10000头确定。每栋圈舍一次存栏在100～200头比较经济实用。

养猪小区原则上不主张自繁自养模式。每栋猪舍采取全进全出集中肥育。

2.养猪小区管理

（1）小区应由专门管理机构（养猪合作社、协会等）进行统一管理。

（2）小区建设前应聘请有关技术部门或实践经验丰富的专业技术人员帮忙选址，设计平面规划布局和圈舍建设施工图，进行预算等。

（3）小区应建立健全各项规章制度，主要包括岗位责任制度、生产管理制度、卫生防疫制度、兽药使用制度、档案管理制度、岗位培训与考核制度等。

（4）小区应实行“五统一分”（统一建设、统一管理、统一供种、统一供料、统一防疫，分户饲养）的模式进行管理，以保证猪源质量，降低生产成本和疫病风险，提高养殖效益。

（5）生产人员进入生产区和猪舍，必须更换工作服、鞋、帽，消毒后方可进入。工作帽、工作服、工作鞋（靴）应经常清洗、消毒。

（6）非生产人员及外来人员，未经允许不得进入生产区，必须进入生产区时，要更换防护服，消毒后方可进入，并遵守小区防疫制度。

（7）小区内严禁饲养禽、犬、猫及其他动物。小区内不准带入可能染病的畜产品或其他物品。小区兽医人员不准对外诊疗猪及其他动物疾病。

（8）每天坚持打扫猪舍卫生，保持料槽、水槽、用具干净，地面清洁，每月对猪舍进行1～2次消毒。猪舍周围环境每2～3周消毒1次，小区周围及生产区内污水池、排粪坑、下水道出口每月消毒1次，生产区大门口、猪舍入口消毒池中消毒液应定期更换。

（9）每批猪调出或转群，猪舍要进行彻底清扫、冲洗和消毒，并空圈3～5天。

第三节　规模化猪场各类猪群存栏及占栏头数

一、规模化养猪生产流程

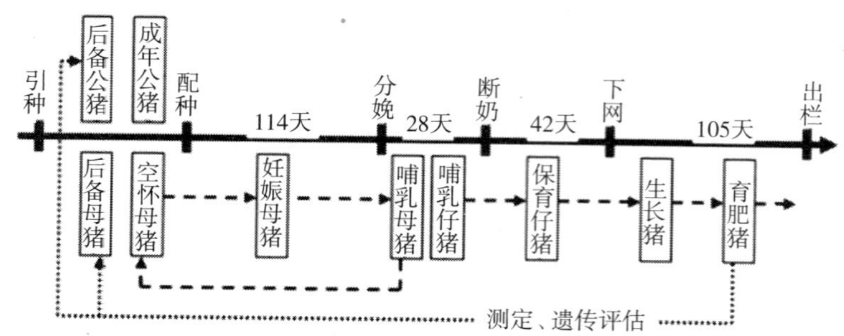

图1.13　规模化养猪生产流程

根据此生产流程，将规模化猪场的猪群分为公猪群（包括后备公猪、种公猪）、母猪群（包括后备母猪、空怀母猪、妊娠母猪、哺乳母猪）、哺乳仔猪群、保育仔猪群、生长猪群、育肥猪群。

二、各猪群基本经济技术参数

1.公猪群

（1）后备公猪饲养天数为70天，初配体重为130～140公斤，死淘率为5%。

（2）公母比例在自然交配时为1：30，人工授精时为1：100。

（3）种公猪年更新率33%。

2.母猪群

（1）后备母猪饲养天数为70天，初配体重为120～130公斤，死淘率为5%。

（2）断奶至发情天数平均为14天，情期受胎率为85%。

（3）妊娠期为114天，确定妊娠所需天数为21天。

（4）妊娠母猪分娩率为90%。

（5）妊娠母猪提前进产房天数为7天。

（6）母猪窝产活仔猪数为10.0头。

（7）哺乳期为28天。

（8）基础母猪年更新率为33%。

3.哺乳仔猪群

（1）哺乳期天数为28天。

（2）哺乳期成活率为90%。

4.保育仔猪群

（1）保育期天数为42天。

（2）保育仔猪成活率为95%。

5.生长猪群

（1）生长猪群饲养天数56天。

（2）生长期成活率为98%。

6.育肥猪群

（1）育肥猪饲养天数为49天。

（2）育肥期成活率为99%。

（3）种猪选育场种猪产品合格率为60%。

（4）祖代猪场二元母猪产品合格率为85%。

7.各类猪群转群后空圈消毒天数为7天。

三、其他重要经济技术参数计算

1.妊娠母猪饲养天数＝母猪正常妊娠天数–确定妊娠所需天数–提前进产房天数＝114–21–7＝86天。

2.空怀母猪饲养天数＝（断奶至发情天数＋确定妊娠所需天数）＋21×（1–情期受胎率）＋（妊娠母猪饲养天数/2）×（1–妊娠母猪分娩率）＝（14＋21）＋21×（1–0.85）＋（86/2）×（1–0.90）＝42.45天。

3.哺乳母猪饲养天数＝提前进产房天数＋哺乳期天数＝7＋28＝35天。

4.商品肉猪饲养天数＝生长猪饲养天数＋育肥猪饲养天数＝56＋49＝105天。

5.母猪平均繁殖周期＝空怀母猪饲养天数＋妊娠母猪饲养天数＋提前进产房天数＋哺乳期＝42.45＋86＋7＋28＝163.45天。

6.母猪平均年产仔窝数＝365/母猪平均繁殖周期＝365/163.45＝2.23窝。

7.母猪平均日产窝数＝基础母猪头数×母猪平均年产仔窝数/365＝300×2.23/365＝1.84窝。

8.母猪平均周产仔窝数 = 母猪平均日产窝数 × 7 = 1.84 × 7 = 12.85窝。

9.每头母猪平均年提供断奶仔猪头数 = 母猪平均年产仔窝数 × 窝产活仔猪数 × 哺乳期成活率 = 2.23 × 10 × 0.9 = 20.07头。

10.全场年出栏产品头数 = 基础母猪头数 × 母猪平均年产仔窝数 × 窝产活仔猪数 × 哺乳期成活率 × 保育仔猪成活率 × 生长期成活率 × 育肥期成活率 = 300 × 2.23 × 10.0 × 0.9 × 0.95 × 0.98 × 0.99 = 5550头。

11.种猪选育场年提供合格种猪头数 = 全场年出栏产品头数 × 种猪产品合格率 = 5550 × 0.60 = 3330头。

12.种猪选育场年提供商品猪头数 = 全场年出栏产品头数–合格种猪头数 = 5550–3330 = 2220头。

13.祖代猪场年提供合格二元母猪头数 = 全场年出栏产品头数 × 0.5 × 种猪产品合格率 = 5550 × 0.5 × 0.85 = 2356头。

14.祖代猪场年提供商品猪头数 = 全场年出栏产品头数–合格二元母猪头数 = 5550–2356 = 3194头。

15.商品猪场年提供商品猪头数 = 全场年出栏产品头数 = 5550头。

四、存栏猪群结构及占栏头数计算

1.种公猪存栏头数 = 基础母猪头数 × 公母比例 = 300 × 0.033 = 10头。

种公猪占栏头数 = 种公猪存栏头数 × 365 / 365 = 10头。

2.后备公猪存栏头数 = 种公猪存栏头数 × 种公猪年更新率 × 后备公猪饲养天数 /（1–后备公猪死淘率）/ 365 = 10 × 0.333 × 70 /（1–0.05）/ 365 = 1头。

后备公猪占栏头数 = 后备公猪存栏头数 ×（后备公猪饲养天

数 + 空圈消毒天数）/ 后备公猪饲养天数 = 1 ×（70 + 7）/ 7 = 1头。

3.后备母猪存栏头数 = 基础母猪头数 × 基础母猪年更新率 × 后备母猪饲养天数 /（1–后备母猪死淘率）/ 365 = 300 × 0.333 × 70 /（1–0.05）/ 365 = 20头。

后备母猪占栏头数 = 后备母猪存栏头数 ×（后备母猪饲养天数 + 空圈消毒天数）/ 后备母猪饲养天数 = 20 ×（70 + 7）/ 70 = 22头。

4.空怀母猪存栏头数 = 基础母猪头数 × 空怀母猪饲养天数 / 母猪平均繁殖周期 = 300 × 42.45 / 163.45 = 78头。

空怀母猪占栏头数 = 空怀母猪存栏头数 ×（空怀母猪饲养天数 + 空圈消毒天数）/ 空怀母猪饲养天数 = 78 ×（42.45 + 7）/ 42.45 = 91头。

5.妊娠母猪存栏头数 = 基础母猪头数 × 妊娠母猪饲养天数/母猪平均繁殖周期 = 300 × 86 / 163.45 = 158头。

妊娠母猪占栏头数 = 妊娠母猪存栏头数 ×（妊娠母猪饲养天数 + 空圈消毒天数）/ 妊娠母猪饲养天数 = 158 ×（86 + 7）/ 86 = 171头。

6.哺乳母猪存栏头数 = 基础母猪头数 × 哺乳母猪饲养天数/母猪平均繁殖周期 = 300 × 35 / 163.45 = 64头。

哺乳母猪占栏头数 = 哺乳母猪存栏头数 ×（哺乳母猪饲养天数 + 空圈消毒天数）/ 哺乳母猪饲养天数 = 64 ×（35 + 7）/ 35 = 77头。

7.哺乳仔猪存栏头数 = 母猪平均日产窝数 × 窝产活仔头数 × 哺乳期天数 = 1.84 × 10.0 × 28 = 515头。

哺乳仔猪和哺乳母猪一起饲养，不另计占栏头数。

8.保育仔猪存栏头数 = 母猪平均日产窝数 × 窝产活仔头数 × 哺乳期成活率 × 保育期天数 = 1.84 × 10.0 × 0.90 × 42 = 696头。

保育仔猪占栏头数 = 保育仔猪存栏头数 ×（保育仔猪饲养天数 + 空圈消毒天数）/ 保育仔猪饲养天数 = 696 ×（42 + 7）/ 42 = 812头。

9.生长猪存栏头数 = 母猪平均日产窝数 × 窝产活仔头数 × 哺乳期成活率 × 保育期成活率 × 生长猪群饲养天数 = 1.84 × 10.0 × 0.90 × 0.95 × 56 = 881头。

生长猪占栏头数 = 生长猪存栏头数 ×（生长猪饲养天数 + 空圈消毒天数）/ 生长猪饲养天数 = 881 ×（56 + 7）/ 56 = 991头。

10.育肥猪存栏头数 = 母猪平均日产窝数 × 窝产活仔头数 × 哺乳期成活率 × 保育期成活率 × 生长期成活率 × 育肥猪饲养天数 = 1.84 × 10.0 × 0.90 × 0.95 × 0.98 × 49 = 775头。

育肥猪占栏头数 = 育肥猪存栏头数 ×（育肥猪饲养天数 + 空圈消毒天数）/ 育肥猪饲养天数 = 775 ×（49 + 7）/ 49 = 886头。

11.猪群总存栏头数 = 种公猪存栏头数 + 后备公猪存栏头数 + 后备母猪存栏头数 + 空怀母猪存栏头数 + 妊娠母猪存栏头数 + 哺乳母猪存栏头数 + 哺乳仔猪存栏头数 + 保育仔猪存栏头数 + 生长猪存栏头数 + 育肥猪存栏头数 = 10 + 1 + 20 + 78 + 158 + 64 + 515 + 696 + 881 + 775 = 3198头。

五、总结

表1.3总结了以上300头基础母猪规模的猪场猪群存栏数与占栏数的计算结果，在此计算上就可以合理估算猪栏面积及饲料等物料消耗等参数。

表1.3 300头基础母猪规模的猪场猪群存栏数与占栏数

猪群	存栏数	占栏数
种公猪	10	10
后备公猪	1	1
后备母猪	20	22
空怀母猪	78	91
妊娠母猪	158	171
哺乳母猪	64	77
哺乳仔猪	515	
保育仔猪	696	812
生长猪	881	991
育肥猪	775	886
总计	3196	

第四节 各类猪的喂料标准

表1.4 各类猪喂料标准参考值

阶段	饲喂时间（天）	饲料类型	喂料量（公斤/头/日）
后备	90公斤～配种	S414	2.3～2.5
妊娠前期	0～28天	S415	1.8～2.2
妊娠中期	29～85天	S415	2.0～2.5
妊娠后期	86～107天	S415	2.8～3.5
产前7天	107～114天	S416	3.0
哺乳期	0～21天	S416	4.5以上

续表

阶段	饲喂时间（天）	饲料类型	喂料量（公斤/头/日）
空怀期	断奶～配种	S416	2.5～3.0
种公猪	配种期	公猪料	2.5～3.0
乳猪	出生～28天	S411S	0.18
小猪	29～60天	S412S	0.50
小猪	60～77天	S412S	1.10
中猪	78～119天	S413S	1.90
大猪	120～168天	S414S	2.25

表1.5　肉猪各阶段最佳日增重采食量料肉比

阶段	日增重（克）	采食量（克）	料肉比
24～36日龄6.5～10公斤	267	334	1.25
37～56日龄10～20公斤	468	766	1.64
57～88日龄20～40公斤	655	1386	2.11
89～124日龄40～70公斤	741	1911	2.58
125～158日龄70～90公斤	765	2555	2.53
24～15日龄6.5～90公斤	653		2.39

表1.6　500头母猪规模猪场年饲料用量表

猪别	每头耗料量（克）	头数	饲料量（公斤）	所占比例%
哺乳母猪	250	500	125000	4.3
空怀母猪	80	500	40000	1.4
妊娠母猪	620	500	310000	10.6
哺乳仔猪	2	10700	21400	0.7
保育仔猪	12	10300	123600	4.2

续表

猪别	每头耗料量（克）	头数	饲料量（公斤）	所占比例%
小猪	33	10100	333300	11.4
中猪	80	10100	808000	27.5
大猪	115	10000	1150000	39.2
公猪	900	20	18000	0.6
后备	240	160	4800	0.2
合计			2934000	100

①要分季节制定饲料配方：夏季由于采食量低，营养浓度要高。

②要根据市场制定饲料配方，要考虑成本核算。

③制定饲料配方要保证营养全价性。

④要制定一个科学的适合于本场的饲料添加剂保健方案。

⑤小猪用颗粒饲料，大猪用粉料最经济。

⑥小中猪料添加3%～5%脂肪可提高日增重和饲料转化率，同时可提高蛋白质的吸收率；夏天在哺乳母猪料添加3%～5%脂肪可减少因采食量下降导致的能量供应不足，增加乳汁分泌，提高仔猪断奶重，减少母猪失重，缩短发情间隔。

⑦哺乳母猪每天维持需要2公斤，另外每头小猪加0.3公斤；母猪哺乳期平均采食量5公斤。

第五节　猪场规章制度

一、卫生防疫管理制度

1.猪场实行封闭式饲养与管理，所有人员、车辆、物品仅能经由场大门生产区大门出入，不得由其他任何途径进入场区。

2.场大门设置专职门卫，负责监督人员、物流的出入及按规定的方式实施消毒。

3.进场人员均应更换衣服和鞋帽，使用消毒药消毒双手、双足，最好喷雾消毒20秒后经大门人行入口进入场区，本场车辆返场时应消毒后经由大门消毒池进入。

4.外来人员车辆一般不得进入场区内，严禁进入生产区内，因特殊需要者，必须经总经理批准，按猪场规定程序消毒，由专人陪同在指定区域内活动。

5.饲养技术人员应在车间内坚守工作岗位，不得互相串岗，管理人员因工作需要进入生产车间时，应在车间入口处消毒更换衣服。

6.生产区内猪群调动应按生产流程规定有序进行，售出猪只由上猪台装车，严禁运猪车进场装卸猪只，凡已出场猪只严禁运返场内。

7.新购进种猪应按规定在隔离舍进行隔离观察（一般一个月）经检疫确认健康并消毒后方可进场混群。

8.场区内禁止饲养其他动物，严禁将其他动物，动物肉品及其副产品带进场内。

9.各栋间不得共用或相互借用生产工具，更不允许将其外借，不得将场外饲养管理用具带入场区使用。

10.场内应定期进行卫生大扫除，使场区内环境常保持清洁卫生。

二、消毒卫生制度

1.生活区、办公区、食堂及其周围环境，每月进行2次清扫与消毒。

2.生产区环境，生产区道路及其两侧6米范围内以及猪舍空地每周消毒一次。

3.猪只周转区：周转猪舍、转猪台、去猪通道、磅秤及其周围环境，每次转猪或出猪后要大消毒一次。

4.猪舍大门、生产区及猪舍入口消毒池：定期更换池内药水一次，并确保池内消毒药的有效浓度。

5.猪舍与猪群：每周带猪消毒1～2次，如周边发现疫情，每日1次，对场进行全封闭管理。

6.车辆：进入生产区的车辆必须在大门外彻底消毒，车辆轮胎使用3%火碱溶液清洗消毒。

7.猪只转群后：要立即对空栏进行彻底的清洗、消毒。

8.母猪从妊娠车间转入产房前：要对母猪进行清洗，消毒后方可进入产房。

9.传染病流行期间的消毒，消毒药液浓度需要提高，并交替用药，猪舍内隔日一次，猪舍门外，舍内通道撒上消毒剂，进出，放置消毒盆，生产用具使用前后放在消毒池中充分消毒5分钟以上。

三、免疫及标识制度

1.树立预防为主，防重于治的指导思想。

2.严格执行消毒制度，严格执行本场的猪群免疫程序，建立有效地预防体系。

3.禁止在场区饲养其他动物。定期对猪场环境、猪舍做好消毒、杀虫、灭鼠工作。

4.加强饲养管理、饲料的质量和饮水的清洁卫生，增强猪的抵抗力。

5.严格遵守疫苗的使用程序：（1）防疫员预通知接种时间；（2）饲养员提前一天统计受免疫猪的数量，并投喂2天电解多维；（3）饲养员领取疫苗；（4）防疫员如实接种；（5）饲养员监督实施。

6.健全后备种猪、基础种猪的免疫档案。

7.疫苗按说明要求专人负责，冷链保管。

8.猪场以自繁自养为主，引种时要了解对方当地疫情及有关情况，经确定为健康猪方能转入生产区。

9.商品猪按栋号填写免疫卡。

10.定期给猪投喂预防性药物，但免疫期间不能投药（患病猪除外）。

11.疫苗出库要详细登记，使用过的废弃物要作无害化处理。

12.种猪耳标损坏或丢失要及时补挂，转群时种猪的档案要随之转动。

13.任何人不可将生肉及其制品带入场内。

14.员工不得相互串岗，各舍设备和工具不得串用，严禁借给外场人员使用。

15.种猪免疫后按耳标登记，填写免疫卡，一年两次送至动物防控机构进行抗体监测，确保免疫合格率100%。

四、引种及检疫申报制度

1.猪场从外地引种实行申报审批制，逐级申报。由省动物卫生所审批后引种。

2.引种必须从取得省级种畜禽生产许可证、无特定动物疫病区的猪场方可。

3.引种过程必须通过动物卫生检疫，并出具证明，到场后报当地动物卫生监督部门检验检疫。

4.引种后猪实行隔离饲养30日方可混群。

5.定时对场内所有养殖动物进行检疫检测，一旦发现疫情要及时向有关部门进行疫情报告。

6.出售仔猪及其商品猪实行保险制，即向当地卫生监督部门报告，检疫合格并出具证明方可销售。

7.严格遵守遵守检疫部门相关规定，实行责任到人制，延误检验检疫的工作人员。追究相应责任。

五、疫情报告及病死猪无害化处理制度

1.检疫员要每日认真填写检疫记录表，发现疫情是要立即报告场长，由场长像动物卫生监督机构或动物疫病预防与控制机构报告，病死猪由动物卫生监督部门监督作无害化处理。

2.非病疫死亡的个体，由检疫员报告场长，查明原因。在无害化处理区进行监督处理（掩埋或焚烧）。

3.养殖过程中使用一次性用品如注射器、药品等要依照相关部门规定做无害化处理。

4.严禁食用或出售相关待处理品，造成事故者，依照相关规定，追究责任。

5.无害化处理区作业处理时，必须由指定人员看管，并作好周边地区消毒工作，严防污染环境或疫情传播。

6.无害化处理后，相关人员要做好处理记录，以便有关部门或人员查阅。

六、猪场用药制度

1.使用药物必须仔细阅读说明书，根据病情对症下药。

2.正确配伍，注意配伍禁忌。

3.领取药品必须如实登记。

4.正确计算药物使用剂量，不欠量或超大剂量用药。

5.严禁对妊娠母猪使用“孕畜禁用”标识的药品。

6.激素和剧药要有技术人员指导使用。

7.配置药品必须在药房内完成，不得在其他地方存放或恣意浪费。

8.医疗器械用好后立即放回原处，严禁在药房外闲置。

9.煮沸医疗器械时要有人守候，以防烧毁。

10.装卸和使用金属注射器时要正确操作，小心用力，避免损坏零部件。

11.小心使用天平和玻璃器皿。

12.用凉开水稀释新生仔猪口服药物。

13.药品均按性状、种类、用途归类整齐排放，用完一盒在开启另一盒并放回原处，不得乱拿乱放。

14.工作时要集中精力，避免用错药品造成不良后果。

15.保护好医疗器械的消毒效果，取用后随即盖好，以防细菌污染，禁止将整合注射器或针头带入圈舍。

16.疫苗专用注射器和常用注射器要分开摆放，不可混用。

17.爱护室内卫生，药盒、空瓶、废针、包装袋不得随便丢弃，要放入垃圾箱统一处理。

七、猪场车间岗位职责

（一）配种妊娠车间的岗位职责

1.每天观察种猪，评估其健康及表现，并给需要药物处理的种猪投放药物或注射治疗。

2.配合分娩舍的饲养员把断奶母猪从分娩舍转入配种舍。

3.按照饲喂计划给所有种猪投放饲料，搞好本舍的清洁卫生，保持良好的生产环境。

4.坚持兽医防疫规程，做好种猪的更新淘汰计划，保持种猪良好的繁殖结构。

5.按照生产流程，把生产母猪不同生理阶段分群分类饲养管理。

6.加强种公猪管理，合理利用种公猪。

7.配合分娩饲养员，将临产母猪经清洗消毒后转入分娩舍。

8.检查和维修各种设备，做好本舍的各种生产纪录并及时送交统计分析。

9.当需要时，协助其他猪舍工作，最大限度地提高产量和栏圈利用串。

（二）产仔哺乳车间的岗位职责

1.每天观察猪群的情况和表现。

2.与配种妊娠车间的工作合作，计划好临产母猪向产房的调进，确保临产母猪进分娩车间。

3.保持舍内清洁卫生、干燥、切实做好每周的常规消毒工作。

4.切实做好临产前后母猪的护理和分娩的接产工作。给所有的母猪和仔猪喂料。仔猪出生后，调整哺乳母猪的带仔数。

5.给出生小猪断脐、剪牙、断尾、补充铁剂等。

6.关心猪群福利：观察分娩舍的温度、湿度等，决定是否使用通风、降温、保暖等设备，为母猪和仔猪创造舒适的环境。

7.严格执行免疫程序，给有需要的母猪、仔猪提供医疗服务。

8.有计划地安排母猪断奶，适应断奶提高母猪年生产能力，母猪调栏，做好母猪的清洗消毒、驱虫工作。

（三）保育车间的岗位职责

1.在每周的猪群转移中，要清洗及消毒好栏舍和做好必要的准备工作。

2.猪只转入保育舍时，要依大小、强弱、公母作适当的分群，力求同栏猪只尽量均匀。

3.每天观察每头猪并分析它的健康表现。

4.严格执行卫生防疫制度和免疫程度，对需要药物治疗的猪只及时治疗处理。

5.饲料要保持清洁卫生，堆放饲料的地面要干燥清洁。

6.做好必要的记录工作（如疾病处理等），每天检查饮水器，确保正常供水。

7.根据气候的变化和猪只的大小做好防暑降温工作和防冻工作，控制舍内的小气候。

8.做好周密的转栏计划，提高生产效率。不浪费饲料。

（四）生长育肥车间的岗位职责

1.生长育肥阶段是终端产品生产的重要时期，最终反映了企业产品的质量优劣和市场价值量的高低，饲养人员必须有较强的责任心。

2.按照大小、强弱的一致性，合理编制饲养群体。

3.坚持常规性的场地消毒，做好群体的健康观察，治疗处置和科学的免疫注射。

4.科学饲养：采用全价系列化的饲料、自由采食。把握好在

30～60公斤阶段，60～90公斤阶段的换料饲养，满足不同群体对营养的需求。

5.创造优良环境条件，促进生长，提高饲料转换效率。

6.根据生产育肥猪大群管理的特点，要求注重节约饲料，力求降低饲养成本。

7.加强大群管理，降低死亡率。

8.积极配合畜牧兽医技术性的贯彻实施。

八、物料管理制度

为保护财产的安全、完整，加强物料管理，合理利用材料，提高材料利用的效率，特制定本制度。

（一）材料的范围

设备配件、电器配件、兽药疫苗、办公用品、劳保用品、其他材料等。

（二）申请购买

1.场内材料由材料库统一管理、申请、调配、维护和保养，由采购员统一采购。

2.材料库管理员依据生产计划及各类物料消耗、使用周期，每月初给场长和使用部门提供物料存货盘点报告表。并主动配合做好请购计划。杜绝重报漏报和短却材料、配件事件的发生，避免因待配件而造成的停产。

3.每月25号将场长签字同意的请购单送交采购员，按采购作业程序办理后，并将“请购部门存档”联取回备查。

4.材料管理员要积极追踪落实超过20天的请购计划和超过3天的紧急采购，对不能及时采购的备件要主动与采购员协商，克服困难，保障生产需要。

5.专业性强又特别急需的配件、加工件和维修件由需要者填写请购单，报场长签字同意后，自行借款、请车采购，购回后经场长、材料管理员核验收入库，并填写入库单，即可到财务报销。

6.工作程序如下：

（每月25号前）拟定请购计划→需货单位会签→场长审批→采购员询价→存档→本场审批→追踪落实（整个周期需要20天）

（三）物料进库验收、分别归类存放

1.物料购回后，物料管理员会同需货单位负责人根据请购单、发票和供货合同及所购物品之品质等各验收合格后方可入库。其中一项与所述条款不符，不得入库。（若没有签订供货合同可以在请购单、发票、品质相符的情况下入库）并开具入库单将“采购联”交采购。

2.对质量不佳或型号不符之物料要及时退货，如不能退货，打书面报告报场长。对货质不明者必须请示场长后再做处理。

3.新入库的材料应当日报知场长和使用者，以便及时投入使用。

4.材料入库管理员根据入库单实入数量、单价、金额于入库当日或次日12时以前登记物料明细账。

5.根据入库材料的类别，分别归类，放置在规定的库区库位上，然后填制卡片或标签，注明品名、产地、何种设备用备件或材料、进货时间、数量、使用情况等等，以便以后领用。

6.每周一（遇节日顺延）保管员将入库单“材料会计联”交财务部。

7.其工作程序如下：

（物料员、采购员、使用单位负责人）共同验收→填写入库单或退货报告→报告场长→填制卡片、标签

（四）物料存放管理

1.将生产用备品备件、办公用品，劳保用品、兽药疫苗、部分具他材料等分区放置，定置管理。

2.库根据物品类型和特性，将电器，易碎、返潮等物料分层放置，并挂物品标签，注明品名、规格、数量、进货时间、领用情况等。各分库要求卫生整洁、干燥、防火、防盗、安全、防鼠害。每周进行检查清理。

3.材料管理人员要钻研材料管理、保养的业务知识，熟悉有关物料的保养特性，避免由于人为因素而造成浪费：要对材料库所辖材料进行严格管理，做到数量、规格型号帐，物、卡一致，若丢失或损坏，材料管理人员要做出调查报告上报场长，查不出丢失或损坏的原因由材料管理人员负责赔偿。

4.其工作程序如下：

物料分类入库→按类分类挂或标签→按时检查清理核对帐、物、卡是否相符→查找分析原因。

（五）物料领用

1.建立生产用配件物料领用卡；个人工具领用卡；劳保用品领用卡。

2.生产用物件，由课班负责人填单，个人工具用品、劳保用品由本人填单，负责人签字后，报场K审批后领取。每月底领用报表和使用情况报表。

3.生产、维修急需备件，由生产，维修主管签字后可先领用，当日由物料员报场长市批手续。（仅限机修生产急需时）

4.材料管理员根据当日领料单实领数量、金额、单价于当日最迟于次日12时前冲减物料分类明细账。

5.每周一（遇节假日顺延）材料保管员将出库单“材料会计联”送交财务。

6.每月25号结出物料领用汇总表，分类计出金额以及总金额，于26号前报场长，财务部。

7.其工作程序如下：

领用人填单（班长或主任）→场长审批→凭单领取→登记账簿→做出领用月报表

（六）物料使用、保管、报废

1.物料保管员对领出的物料、工具要进行追踪、询问了解物料的使用质量及损耗情况，并对其做记录。物料、工具在使用过程中应妥善加以维护和保养，若使用人员疏于保养或操作不当造成损坏，所发生费用视情节轻重，由场部或个人承担，并追究当事人的责任。

2.大型工具原则上不允许个人领用，从库房借用。

3.普通工具领出时必须记录在“个人工具卡”上。

4.工具在使用中损坏的，及时交旧领新，并填写报损单，但不在“个人工具卡”上登记。

5.个人登记卡上的工具如果丢失，应按其价值的50%赔偿。

6.配件领出，在维修工作完成后应交回损坏的配件，并登记配件用途。

7.损坏零件要组织人员进行修复，确已无法修复的做报废处理。

8.领出配件没有使用或没有用完应交回，原则上个人不允许保管任何配件和物料。

9.领用材料时当事人应当面检查，如不合格退回库房，材料合格但略磨损请在领料单上签字。

10.属非人因素的材料损坏是“自然损坏”的库房将会同维修人员、财务人员共同鉴定予以报损，并依照“交旧领新”的原则予以处理。

（七）账目的建立及盘点

1.账目的建立清遵照《物料管理办法》具体细则执行。

2.盘点在每月26号材料管理员会同财务人员对材料实物进行盘点，具体细则与要求请遵照《物料盘查制度》进行。

九、劳动管理制度

1.为了建立猪场的科学化运行体制，严肃工作纪律，规范员工行为，特制定本管理制度。

2.本场员工必须遵守“猪场管理制度”，若有违反将根据有关条例作出相应的处罚。

3.本场员工务必熟知本制度的一切内容，任何人不得以未知悉为由逃避责任。

4.本管理制度由全体员工监督执行，如有未尽之处将随时修订。

第二章 仔猪生产技术

第一节 哺乳仔猪的饲养管理

一、哺乳仔猪的生理特点

哺乳仔猪的主要特点是生长发育快和生理上不成熟，从而造成难饲养，成活率低。

（一）生长发育快、代谢机能旺盛、利用养分能力强

仔猪初生体重小，不到成年体重的1%，但生后生长发育很快。一般初生体重为1公斤左右，10日龄时体重达出生重的2倍以上，30日龄达5～6倍，60日龄达10～13倍。

仔猪生长快，是因为物质代谢旺盛，特别是蛋白质代谢和钙、磷代谢要比成年猪高得多。生后20日龄时，每公斤体重沉积的蛋白质，相当于成年猪的30~35倍，每公斤体重所需代谢净能为成年猪的3倍。所以，仔猪对营养物质的需要，无论在数量和质量上都高，对营养不全的饲料反应特别敏感，因此，对仔猪必

须保证各种营养物质的供应。

猪体内水分、蛋白质和矿物质的含量是随年龄的增长而降低，而沉积脂肪的能力则随年龄的增长而提高。形成蛋白质所需要的能量比形成脂肪所需要的能量约少40%。所以，小猪要比大猪长得快，能更经济有效地利用饲料，这是其他家畜不可比拟的。

（二）仔猪消化器官不发达、容积小、机能不完善

仔猪初生时，消化器官虽然已经形成，但其重量和容积都比较小。如胃重，仔猪出生时仅有4～8克，能容纳乳汁25～50克，20日龄时胃重达到35克，容积扩大2～3倍，当仔猪60日龄时胃重可达到150克。小肠也强烈的生长，4周龄时重量为出生时的10.17倍。消化器官这种强烈的生长保持到7～8月龄，之后开始降低，一直到13～15月龄才接近成年水平。

仔猪出生时胃内仅有凝乳酶，胃蛋白酶很少，由于胃底腺不发达，缺乏游离盐酸、胃蛋白酶，没有活性，不能消化蛋白质，特别是植物性蛋白质。这时只有肠腺和胰腺发育比较完全，胰蛋白酶、肠淀粉酶和乳糖酶活性较高，食物主要是在小肠内消化。所以，初生小猪只能吃奶而不能利用植物性饲料。

在胃液分泌上，由于仔猪胃和神经系统之间的联系还没有完全建立，缺乏条件反射性的胃液分泌，只有当食物进入胃内直接刺激胃壁后，才分泌少量胃液。而成年猪由于条件反射作用，即使胃内没有食物，到时候同样能分泌大量胃液。

随着仔猪日龄的增长和食物对胃壁的刺激，盐酸的分泌不断增加，到35～40日龄，胃蛋白酶才表现出消化能力，仔猪才可利用多种饲料，直到2.5～3月龄盐酸浓度才接近成年猪的水平。

哺乳仔猪消化机能不完善的又一表现是食物通过消化道的速度较快，食物进入胃内排空的速度，15日龄时为1.5小时，30日

龄时3～5小时，60日龄时为16～19小时。

（三）缺乏先天免疫力

容易得病仔猪出生时没有先天免疫力，是因为免疫抗体是一种大分子γ-球蛋白，胚胎期由于母体血管与胎儿脐带血管之间被6～7层组织隔开，限制了母体抗体通过血液向胎儿转移。因而仔猪出生时没有先天免疫力，自身也不能产生抗体。只有吃到初乳以后，靠初乳把母体的抗体传递给仔猪，以后过渡到自体产生抗体而获得免疫力。

1.初乳中免疫抗体的变化。母猪分娩时初乳中免疫抗体含量最高，以后随时间的延长而逐渐降低，分娩开始时每100毫升初乳中含有免疫球蛋白20克，分娩后4小时下降到10克，以后还要逐渐减少。所以，分娩后立即使仔猪吃到初乳是提高成活率的关键。

2.初乳中含有抗蛋白分解酶。初乳中的抗蛋白分解酶可以保护免疫球蛋白不被分解，这种酶存在的时间比较短，如果没有这种酶存在，仔猪就不能原样吸收免疫抗体。

3.仔猪小肠有吸收大分子蛋白质的能力。仔猪出生后24～36小时，小肠有吸收大分子蛋白质的能力。不论是免疫球蛋白还是细菌等大分子蛋白质，都能吸收（可以说是无保留地吸收）。当小肠内通过一定的乳汁后，这种吸收能力就会减弱消失，母乳中的抗体就不会被原样吸收。

仔猪出生10日龄以后才开始自身产生抗体，直到30～35日龄前数量还很少。因此，3周龄以内是免疫球蛋白青黄不接的阶段，此时胃液内又缺乏游离盐酸，对随饲料、饮水等进入胃内的病原微生物没有消灭和抑制作用，因而造成仔猪容易患消化道疾病。

（四）调节体温的能力差，怕冷

仔猪出生时大脑皮层发育不够健全，通过神经系统调节体温的能力差。还有仔猪体内能源的贮存较少，遇到寒冷血糖很快降低，如不及时吃到初乳很难成活。仔猪正常体温约39℃，刚出生时所需要的环境温度为30～32℃，当环境温度偏低时仔猪体温开始下降，下降到一定范围开始回升。仔猪生后体温下降的幅度及恢复所用时间视环境温度而变化，环境温度越低则体温下降的幅度越大，恢复所用的时间越长。当环境温度低到一定范围时，仔猪则会冻僵、冻死。

据研究，出生仔猪如处于13～24℃的环境中，体温在生后第一小时可降1.7～7.2℃，尤其20分钟内，由于羊水的蒸发，降低更快。仔猪体温下降的幅度与仔猪体重大小和环境温度有关。吃上初乳的健壮仔猪，在18～24℃的环境中，约两日后可恢复到正常，在0℃（–4～2℃）左右的环境条件下，经10天尚难达到正常体温。出生仔猪如果裸露在1℃环境中2小时可冻昏、冻僵，甚至冻死。

二、引起哺乳仔猪死亡的原因

造成哺乳仔猪死亡的原因很多，而且若干原因之间又常常呈现错综复杂的相互作用，但主要有压死、冻死、饿死、病死、咬死、操作失误致死等。同时最危险的时间是出生后前三天，这三天死亡的仔猪约占所有哺乳仔猪死亡数的60%，甚至更高。

1.压死和踩死

哺乳仔猪被母猪压死和踩死的现象多有发生；一般占死亡总数的10%～30%，有的甚至高达50%。仔猪出生后，四肢行动不灵活，反应较为迟钝，且又怕冷，常会钻进母猪腹下或垫草中。一些身体较肥，行动不便，腹大下垂、年老耳聋及初产无护仔经验的母猪，经常会发生压死和踩死仔猪的现象。

2.冻死

仔猪出生时适宜的温度是33～34℃，第一周适宜的环境温度为29～33℃，而一般母猪分娩舍内的温度达不到初生仔猪所需的温度，特别是在冬季又无保温设备的情况下，温度更低。当温度偏低时，仔猪体温下降，环境温度越低，其体温下降幅度越大。当环境温度降低到一定范围时，仔猪则会冻僵，甚至冻死。

3.饿死

当哺乳仔猪体质瘦弱，没有能力吃奶或当哺乳母猪因各种原因没有奶水或奶水很少时，哺乳仔猪不能得到足够的营养，有可能被饿死。

4.病死

仔猪在哺乳期间的抵抗力很差，如果不注意对其的保健，哺乳仔猪很容易生病，轻则影响生长发育，严重时导致死亡。造成哺乳仔猪死亡的疫病较多，特别是一些传染性疾病，如蓝耳病（PPRS）、猪瘟、伪狂犬病、流行性腹泻、链球菌病以及杂菌的感染、下痢（仔猪黄痢、白痢、红痢）等。最常见的还是大肠杆菌病，它可造成哺乳仔猪严重的腹泻，导致仔猪脱水、虚弱甚至死亡。另外，还有一些疾病可从母猪传给仔猪，特别是由于炎热、分娩致使母猪虚弱，抵抗力低的时候。

5.咬死

初产母猪由于没有哺育仔猪的经验，乳头括约肌比较紧，因此给仔猪哺乳时特别紧张，当仔猪吃乳紧咬乳头不放而使初产母猪疼痛时，母猪往往会拒绝哺乳，有的甚至攻击仔猪，将哺乳仔猪咬伤、咬死。

6.操作失误致死

在给仔猪剪犬齿、断尾、断脐等操作失误时，容易造成伤口、牙龈、腹腔感染等，有时可引起败血症而导致哺乳仔猪的死亡。

三、防制哺乳仔猪死亡的措施

哺乳仔猪没有发育完全，对环境的适应能力较差，受环境的影响很大，因此，应该尽力为其提供适宜的外界环境，以降低哺乳仔猪的死亡率。

1.早吃初乳，固定乳头

母猪产后3天内的乳汁叫初乳，它可充分满足哺乳仔猪迅速生长发育的需要；又因含有大量的镁盐，有利于胎粪的排出；更重要的是初乳中含有较多的免疫抗体，有利于增强哺乳仔猪的免疫力。由于初乳中免疫抗体的含量随母猪哺乳时间的增加而逐渐下降，同时仔猪吸收抗体的能力也逐渐下降，因此，初生仔猪应尽早吃上初乳，这样有利于仔猪的生长发育，降低哺乳仔猪的死亡率。另外，仔猪有固定乳头吃乳的习性，并且一旦固定，到断奶时都不更换。如果让哺乳仔猪自己去固定乳头，往往会发生因争夺乳头而咬伤母猪乳头的现象，从而影响母猪的正常哺乳，甚至引发乳房炎，同时会出现体重大而强壮的仔猪强占乳多的乳头或占两个乳头，而弱小的仔猪只能吃乳少的乳头，甚至吃不上乳，最后可能形成僵猪或饿死，为此，应使哺乳仔猪尽快固定乳头吃乳。

2.防冻防压

初生仔猪0~3日龄需要温度从34℃降为29℃，4~7日龄温度从29℃降为25℃，8~14日龄从25℃降为22℃，15~21日龄从22℃降为20℃，为了防止哺乳仔猪冻僵或冻死，应做好保温防冻工作。初生仔猪保温区的温度最好保持在30℃以上，方法是在仔猪保温箱或护仔栏内设置电热板或红外线保温灯，且根据仔猪对温度的要求来调节电热板或红外线保温灯的高度。为了防止哺乳仔猪被母猪压死或踩死，在仔猪出生后一周内可采用仔猪保温箱将母仔隔开，每隔2～3小时让母猪哺乳1次；也可设置护仔栏或护仔间；还可安装产仔笼等；母猪产后3～5天派专人看护，一旦发现母猪压住仔猪，应马上进圈抽打母猪耳朵，或提起母猪的尾巴，把仔猪救出。

3.做好寄养和并窝

当生产中出现母猪产仔数多于其有效乳头数；母猪产仔数很少；母猪产后少乳或无乳；母猪产后突然死亡等情况时，应实行寄养或并窝。寄养或并窝时，两窝仔猪的产期前后相差不超过2～3天；寄养或并窝的仔猪最好吃上自己亲母的初乳后再寄养或并窝，且应挑选性情温驯、护仔性强、泌乳力高、无恶癖的母猪做继母。并窝前，用继母的尿液涂抹在被寄养的仔猪身上，以防继母拒哺。

4.矿物质的补充

仔猪缺乏矿物质，主要是注意补充铁、硒。铁是造血和防止营养性贫血必需的元素，仔猪出生时，其体内贮存的铁元素仅能维持6～7天，如不及时补铁，哺乳仔猪则会在10日龄左右出现缺铁性贫血，其表现是皮肤黏膜苍白、被毛蓬乱、食欲下降、腹泻、生长停滞、抗病力下降，严重者形成僵猪，最后死亡。为此，在仔猪出生后的第3天必须补铁，方法是用富铁力或牲血素等在3日龄仔猪的颈部或臀部肌注1～2毫升，且可同时进行断尾和剪犬齿，以减少应激反应。硒是哺乳仔猪生长发育不可缺少的微量元素，缺硒的仔猪会突然发病，且出现皮下水肿、肝坏死、心脏衰竭、白肌病等，轻者生长发育减慢，严重者死亡。一般可在哺乳仔猪出生后的3～5日龄，肌注0.1%的亚硒酸钠0.5毫升，可防止缺硒症的发生。

5.及时补料

母猪从产后第5天开始泌乳量逐渐上升，到21天左右达到泌乳高峰，以后逐渐下降，而21日龄时仔猪的生长发育正处于旺盛时期，单靠吃母乳已不能满足其生长所需养分，所以应给哺乳仔猪提早补料。另外，早补料能促进仔猪消化道和消化腺的发育，避免仔猪乱啃脏物，减少下痢患病，减少死亡。补料可从仔猪7日龄开始训练吃开口料，饲喂时不可一次添加过多，且要求所补料营养全面，适口性好，容易消化，同时做到少量多次的补料原则。

6.防疫灭病

对于仔猪的防疫灭病，首先是搞好猪舍的环境卫生和仔猪保温工作，提高哺乳仔猪的抵抗力，减少疾病的发生机会。其次是按免疫程序进行免疫及药物预防：仔猪出生后即注射猪瘟疫苗；16日龄颈部肌肉注射猪水肿病灭活菌1毫升；20日龄肌肉注射蓝耳病苗2毫升；25日龄颈部肌肉注射仔猪腹泻三价苗2毫升；28日龄注射猪萎缩性鼻炎苗0.5毫升；30日龄注射猪伪狂犬病疫苗0.5毫升，同时按免疫程序进行其他疫苗的接种；在仔猪的饲料中投放一些预防药物；第三，当哺乳仔猪发生疫病时，应及时诊治，以防病情加重或蔓延。

四、哺乳仔猪的饲养和管理

仔猪的饲养管理是养猪生产中最重要的一环，而哺乳期仔猪更是重中之重。科学合理的饲养管理与仔猪成活率有着密切的关系，在当前根据饲养和管理水平的不同，仔猪成活率也不尽相同，有的高达98.5%以上，有的达75%还弱，甚至有的不足50%。因此利用改善营养状况和环境条件来提高仔猪成活率的潜力很大。

1.哺乳仔猪的饲养管理要点

（1）协助新生仔猪去除羊膜，让仔猪尽快呼吸到空气，以免窒息而死亡。用温水和热毛巾将仔猪洗净擦干，及时除去胎衣和垫草，防止母猪吃掉胎衣，引起消化不良或形成咬吃仔猪的恶癖。

（2）有些仔猪产下后停止呼吸，但心脏仍在跳动，出现假死现象，应及时抢救：①迅速擦净鼻黏液，再对准仔猪口鼻吹气。②在擦净口鼻黏液后，倒提仔猪后肢，用手轻拍背部直到发出叫声为止。③倒仰假死仔猪，拉住两前肢前后伸缩，一紧一松地压迫胸部，实行人工呼吸。

（3）用消毒剪刀，在离仔猪腹部约4厘米处将脐带剪断，后用5%碘酒涂擦干净，若断口流血不止，可用消毒过的细线将脐带结扎。

（4）协助初生仔猪尽快吃到初乳，初乳是母猪产仔后3天以内分泌的乳汁，初乳营养丰富，含有大量的母源抗体，仔猪早吃初乳，可以增强体力，恢复体温，补充水分，同时提高仔猪对疾病的抵抗能力。

（5）补铁。初生仔猪生长迅速，对铁的需求量大，母乳中铁的含量无法满足仔猪的生理要求，若不及时补充铁剂会造成仔猪缺铁性贫血与死亡。常用的铁剂有：硫酸亚铁、铁钴针剂、牲血素等。

（6）进行剪齿，防止哺乳时咬破母猪乳头引起乳房疾病和停止泌乳。去尾，防止相互咬架而造成损失。

（7）保温。初生仔猪体表脂肪极薄，体温调节中枢尚未发育完全，对温度变化比较敏感，寒冷使仔猪变迟钝，不能正常吮食初乳而饿死或冻死，有些仔猪挤堆取暖，造成压死，对疾病的抵抗能力降低，容易感染黄白痢等疾病。因此，必须对仔猪采取一定的保温措施，如加热地板，垫草，用红外线灯照射等。

（8）寄养和并窝。寄养，是把母猪多余的仔猪交给另一头母猪哺育。并窝，是把两窝头数较少的仔猪合并起来由一头母猪喂养，但两头母猪产仔间隔的时间越短越好，最好不超过3天。在寄养和并窝时要注意：①确保被寄养和并窝的仔猪吃到初乳，以提高仔猪的抗病能力。②用寄养母猪和并窝母猪的乳汁或尿液涂擦在被寄养和并窝的仔猪身上，使母猪分辨不清寄养和并窝仔猪。③选择母性强、性情温驯、护仔性好、泌乳量充足的母猪来哺乳，以提高仔猪的成活率和断奶重。

（9）提前补饲。母猪产仔后第3周开始，泌乳量逐渐下降而仔猪又逐日长大，即仔猪发育迅速，母猪的泌乳量无法满足仔猪的生长需求，若不及早补饲，将严重阻碍仔猪正常生长发育。一般仔猪出生后第7天开始补饲，补饲方法有：①自由采食法。将哺乳猪粒料撒在仔猪出入和经常游走的地方，任其自由采食。②母教仔法。将母猪食槽放低10厘米左右，让仔猪在母猪采食时，随母猪捡食饲料，以训练仔猪采食。③饥饿法。把仔猪和母猪隔开，待仔猪饥饿时，使其先吃料后吃奶，吃奶吃料间隔时间一般1～2小时。④诱导法。利用仔猪喜欢拱、舔食饲养人员的鞋及手指等习性，将哺乳仔猪料涂在手指上，让仔猪舔食，如此训练几次即可。⑤强制诱食法。将哺乳仔猪料洒上糖水，涂在仔猪唇上或塞入仔猪嘴中，任其舔食，反复进行2～3次，仔猪便可学会吃料。

（10）提前断奶。断奶是哺乳仔猪饲养管理中最后一个环节，断奶日龄的选择直接影响母猪和仔猪的生产性能。实行早期断奶：①提高母猪的繁殖率。早期断奶使母猪泌乳期缩短，体重损耗少，断奶后及时发情配种，年产仔由1.8胎可提高到2.2～2.5胎。②提高了饲料利用率。母猪对饲料转化成乳的利用率仅为20%，但仔猪自己吃料则利用率为50%～60%，饲料利用率提高2～3倍。③有利于仔猪生长发育。可减少僵猪和防止僵猪的发生。注意早期断奶日龄的选择，根据自己的实际条件，如仔猪料的营养水平、仔猪体质、保温及圈舍条件等进行，一般为21日龄、28日龄、35日龄、45日龄。早期断奶的方法有以下三种：

一次断奶。将母猪与仔猪一次全部隔离，此法方便简单，但由于断奶突然，容易引起猪消化不良或奶多的母猪发生乳房炎。

分批断奶。在一窝仔猪中，将发育好的、体重大的仔猪先断奶，而体质弱小的后断奶。

逐渐断奶。断奶前5～6天将母猪和仔猪合起来，喂奶次数减少，经3～4天后即可断奶，此法对仔猪应激小，比较安全，但工作量大。

2.降低仔猪断奶前死亡的方法

（1）吃足初乳。因初乳中含有大量的免疫球蛋白，可提高仔猪免疫力。

（2）固定乳头。一般采取体质较弱的仔猪喂前排奶头，由于前排奶头的奶水相对较为充足，体质较好的喂后排。也可采取分开吃奶的方法，对体质较弱的仔猪可采取胃管饲喂的方法。

（3）分批断奶。个体较大的先断奶，体质较弱的则推后断奶。

3.仔猪免疫程序见表2.1。

表2.1　仔猪免疫程序

名称	用途	用法	免疫期
猪瘟免化弱毒苗	预防猪瘟	1.超前免疫：仔猪出生后未吃初乳肌注2毫升，60日龄再肌注2毫升 2.一般免疫：45～50日龄肌注2毫升	一年
仔猪副伤寒弱毒苗	预防仔猪副伤寒	30～35日龄肌注1毫升	一年

续表

名称	用途	用法	免疫期
K88基因工程苗	预防仔猪黄、白痢	母猪产前20天肌注2毫升	
驱虫剂	体内寄生虫的驱除	15、30、60公斤体重各驱虫1次	
补充铁剂	预防贫血	10日龄内牲血素、铁钴针肌注2毫升	

第二节　断奶仔猪的饲养管理

一、断奶仔猪的饲养

断奶仔猪处于强烈的生长发育阶段，各组织器官还需进一步发育，机能尚需进一步完善，特别是消化器官更突出。猪乳极易被仔猪消化吸收，其消化率可高达100%，而断奶后所需的营养物质完全来源于饲料。主要能量来源的乳脂由谷物淀粉所替代，可以完全被消化吸收的酪蛋白变成了消化率较低的植物蛋白，并且饲料中还含有一定量的粗纤维。据研究表明，断奶仔猪采食较多饲料时，其中的蛋白质和矿物质容易与仔猪胃内的游离盐酸相结合，不能充分抑制消化道内大肠杆菌的繁殖，常引起腹泻疾病。

为了使断奶仔猪能尽快地适应断奶后的饲料，减少断奶造成的不良影响，除对哺乳仔猪进行早期强制性补料和断奶前减少母乳（断奶前给母猪减料）的供给，迫使仔猪在断奶前就能进食较多补助饲料外，还要使仔猪进行饲料的过渡和饲喂方法的过渡。饲料的过渡就是仔猪断奶2周之内应保持饲料不变（仍然饲喂哺乳期补助饲料），并添加适量的抗菌素、维生素和氨基酸，以减轻应激反应，2周之后逐渐过渡到吃断奶仔猪饲料，饲喂方法的过渡，仔猪断奶后3～5天最好限量饲喂，平均采食量为160克，5天后实行自由采食。

断奶仔猪栏内最好安装自动饮水器，保证随时供给仔猪清洁饮水。断奶仔猪采食大量干饲料，常会感到口渴，需要饮用较多的水，如供水不足不仅会影响仔猪正常的生长发育，还会因饮用污水造成拉痢等病。

二、断奶仔猪的管理

1.分群

幼猪栏多为长方形，长度约1.8～2.0米，宽度约1.7米，面积为3.06～3.40平方米，每栏饲养幼猪8～10头。仔猪断奶后头1～2天很不安定，经常嘶叫寻找母猪，尤其是夜间更甚。为了稳定仔猪不安情绪，减轻应激损失，最好采取不调离原圈、不混群并窝的“原圈培育法”。仔猪到断奶日龄时，将母猪调回空怀母猪舍，仔猪仍留在产房饲养一段时间，待仔猪适应后再转入仔培舍。由于是原来的环境和原来的同窝仔猪，可减少断奶刺激。此种方法缺点是降低了产房的利用率，建场时需加大产房产栏数量。

工厂化养猪生产采取全年均衡生产方式，各工艺阶段设计严格，实行流水作业。仔猪断奶立即转入仔猪培育舍，产房内的猪实行全进全出，猪转走后立即清扫消毒，再转入待产母猪。断奶仔猪转群时一般采取原窝培育，即将原窝仔猪（剔除个别发育不良个体）转入培育舍关入同一栏内饲养。如果原窝仔猪过多或过少时，需要重新分群，可按其体重大少、强弱进行并群分栏，同栏群仔猪体重相差不应超过1～2公斤。将各窝中的弱小仔猪合并分成小群进行单独饲养。合群仔猪会有争斗位次现象，可进行适当看管，防止咬伤。

2.良好的环境条件。

（1）温度。断奶幼猪适宜的环境温度是，30～40日龄为21～22℃，41～60日龄为21℃，60～90日龄为20℃。为了能保持上述的温度，冬季要采取保温措施，除注意房舍防风保温和增加舍内养猪头数保持舍温外，最好安装取暖设备，如暖气（包括土暖气在内）、热风炉和煤火炉等。在炎热的夏季则要防暑降温，可采取喷雾、淋浴、通风等降温方法，近年来，许多猪舍采用了纵向通风降温取得了良好效果。

（2）湿度。育仔舍内湿度过大可增加寒冷和炎热对猪的不良影响。潮湿有利于病原微生物的孳生繁殖，可引起仔猪多种疾病。断奶幼猪舍适宜的相对湿度为65%～75%。

（3）清洁卫生。猪舍内外要经常清扫，定期消毒，杀灭病菌，防止传染病。

（4）保持空气新鲜。猪舍空气中的有害气体对猪的毒害作用具有长期性、连续性和累加性。对舍栏内粪尿等有机物及时清除处理，减少氨气、硫化氢等有害气体的产生，控制通风换气量，排除舍内污浊的空气，保持空气清新。

3.调教管理

新断奶转群的仔猪吃食、卧位、饮水、排泄区尚未形成固定位置，所以，要加强调教训练，使其形成理想的睡卧区和排泄区。这样既可保持栏内卫生，又便于清扫。仔猪培育栏最好是长方形（便于训练分区），在中间走道一端设自动食槽，另一端安自动饮水器，靠近食槽一侧为睡卧区，另一侧为排泄区。训练的方法是：排泄区的粪便暂不清扫，诱导仔猪来排泄。其他区的粪便及时清除干净。当仔猪活动时对不到指定地点排泄的仔猪用小棍哄赶并加以训斥。当仔猪睡卧时，可定时哄赶到固定区排泄，经过一周的训练，可建立起定点卧睡和排泄的条件反射。

4.设铁环玩具

刚断奶仔猪常出现咬尾和吮吸耳朵等现象，原因主要是刚断奶仔猪企图继续吮乳造成的，当然，也有因饲料营养不全、饲养密度过大、通风不良应激所引起。防止的办法是在改善饲养管理条件的同时为仔猪设立玩具，分散注意力。玩具有放在栏内的玩具球和悬在空中的铁环练两种，球易被弄脏，不卫生，最好每栏悬挂两条由铁环连成的铁链，高度以仔猪抑头能咬到为宜，这不仅可预防仔猪咬尾等恶癖的发生，也满足了仔猪好动玩耍的需求。

5.预防注射

仔猪60日龄注射猪瘟、猪丹毒、猪肺疫和仔猪副伤寒等疫苗，并在转群前驱除内外寄生虫。

第三章　生长肥育猪生产技术

第一节　生长育肥猪的营养需要和生长规律

一、生长育肥猪的营养需要

生长育肥猪的经济效益主要是通过生长速度、饲料利用率和瘦肉率来体现，因此，要根据生长育肥猪的营养需要配制合理的日粮，最大限度地提高瘦肉率和肉料比。动物为能而食，一般情况下，猪日采食能量越多，日增重越快，沉积脂肪也越多。但此时瘦肉率降低，胴体品质变差，蛋白质的需要更为复杂，为了获得最佳的肥育效果，不仅要满足蛋白质量的需求，还要考虑必需氨基酸之间的平衡和利用率。能量高使胴体品质降低，而适宜的蛋白质能够改善猪胴体品质，这就要求日粮具有适宜的能量蛋白比。由于猪是单胃杂食动物，对饲料粗纤维的利用率很有限，研究表明，在一定条件下，随饲料粗纤维水平的提高，能量摄入量减少，增重速度和饲料利用率降低。因此猪日粮粗纤维不宜过高，肥育期应低于8%，矿物质和维生素是猪正常生长和发育不可缺少的营养物质，长期过量或不足，将导致代谢紊乱，轻者增重减慢，严重的发生缺乏症或死亡。生长期为满足肌肉和骨骼的快速增长，要求能量、蛋白质、钙和磷的水平较高，饲粮消化能12.97～13.97MJ/公斤，粗蛋白水平为16%～18%，适宜的能量蛋白比为188.28～217.57克/MJ，钙0.50%～0.55%，磷0.41%～0.46%，赖氨酸0.56%～0.64%，蛋氨酸+胱氨酸0.37%～0.42%。肥育期要控制能量，减少脂肪沉积，饲粮消化能12.30～12.97MJ/公斤，粗蛋白水平为13%～15%，适宜的能量蛋白比为18.28克/MJ，钙0.46%，磷0.37%，赖氨酸0.52%，蛋氨酸+胱氨酸0.28%。

二、生长育肥猪的生长规律

1.体重的绝对增重规律：一般体重的增长是慢—快—慢的趋势。正常的饲养条件下，初生仔猪的体重为1.0～1.2公斤，7日龄内日增重为110～180克；2月龄体重为17～20公斤，日增重为450～500克；3月龄体重为35～38公斤，日增重为550～600克；4月龄体重为55～60公斤，日增重为700～800克；5～6月龄体重为70～100公斤，日增重为700克左右。

2.机体组织生长规律：骨骼在4月龄前生长强度最大，随后稳定在一定水平上；皮肤在6月龄前生长最快，其后稳定；脂肪的生长与肌肉刚好相反，在体重70公斤以前增长较慢，70公斤以后增长最快。综合起来，就是通常所说的“小猪长骨，中猪长皮（指肚皮），大猪长肉，肥猪长油（脂肪）”。

3.猪体化学成分变化规律；随着年龄的增长，猪体内蛋白质、水分及矿物质含量下降。如体重10公斤时，猪体组织内水分含量为73%左右，蛋白质含量为17%；到体重100公斤时，猪体组织内水分含量只有49%，蛋白质含量只有12%。初生仔猪体内脂肪含量只有2.5%，到体重100公斤时含量高达30%左右。

三、提高猪只生产力的主要技术措施

1.选择合适的杂交组合及优良的品种

实验证明，选择地方优良的杂交品种与瘦肉型的猪种进行杂交，所培育的后代耗料少、瘦肉多、增重较快。此外，相比较而言，三元杂交育肥要优于二元杂交，在今后的育种工作开展中值得借鉴。

2.提升仔猪初生及断奶时重量

一般来说，仔猪如果在初生时重量较大，其生命力也会比较旺盛，今后的生长速度也就越快，断奶时的体重自然也就会越大，进而可保证其在转群后，有着较好的生长优势，育肥效果也会更好。俗话说的“初生差50克，断奶差0.5公斤，育肥差5公斤”就是这个道理。

3.有针对性地选择饲粮

在实际的饲粮选择中，要根据不同的阶段选择不同的饲粮水平。在育肥中期，要以高价、高蛋白、高能量的饲料为主。在育肥后期，要以限量饲料为主，这样可有效减少脂肪的堆积。通常情况下，饲粮选择要综合考虑粗纤维的含量，因为这是影响饲粮适口性的重要因素之一。如果说粗纤维含量较高，饲料的适口性就会变差，进而严重影响养分的消化吸收。如果含量过低，就会导致猪只拉稀、便秘等症状的出现。一般，粗饲料含量控制在4%～5%为最合适。

4.科学合理的饲养管理

（1）饲料选择、饲喂次数及饲喂方式

饲料形态以颗粒状为好，因为颗粒饲料易存储，不易发霉，适口性好，有助消化，同时更方便投食。水在猪只生命成长中占据着非常重要的地位，拌料中都要有水的添加，料水比控制在1∶0.8～1∶1.5效果较好。如果水分太少，会影响猪的食欲，导致生长减缓，引起各种疾病。水分过多，又会冲淡消化液，影响各种消化酶的活性，影响饲料营养间的转化。饲喂方法的选择要根据育肥目标进行，如果单纯为了追求日增重量，可以自由采食为好；如果为了提高育肥猪的瘦肉率，减少脂肪含量，可以限制饲喂为主。饲喂次数的选择要根据饲喂方法进行，如果选择自由采食，那就没有次数的问题了。如果是选择限制性饲喂，就要严格参照猪只食欲状况进行。1天之中，早中晚3个时间段，猪只的食欲表现为差、最差和最盛。由此，在生长育肥阶段，可有针对性地按照35%、25%和40%的饲料添加量，日喂3次进行。饲喂形式以生喂最好，像日常饲喂中常用的玉米、高粱、小麦等谷类饲料及其相关的加工副产品糠麸，建议用生喂的方式进行，生喂营养价值较好。如果煮熟，大有可能破坏其营养价值，特别是对饲料中的维生素破坏是最为严重的。其余的青绿多汁类食物更不应该煮熟后饲喂，可将其剁碎或者是打成浆汁代替水源补料，营养价值较高。当然，并不是所有的饲料都要生喂，像有的饲料煮熟后更有助于消化，如红薯、南瓜等。有些饲料如黄豆、豆饼、豆渣等，煮熟后可有效去除毒素，也建议煮熟后饲喂。除了上述注意事项之外，猪生长育肥阶段中的饲料喂养中，最好添加适量的促生长素，比如说酶制剂、饲用微生物添加剂、抗生素等，对于促进猪只的生长发育也是大有裨益。

（2）科学合理的日常饲养管理方式

①猪群必要的调教。积极调教猪群，尽量保证使猪只的采食地点、排泄地点及睡觉地点，固定在舍内3个不同的区域，形成“三角定位”的习惯，这样将非常有助于猪群地管理。

②猪舍环境温度及管理。一般来说，生长育肥猪适宜的环境温度为16～23℃，前期为20～23℃，后期为16～20℃，在这样一个温度范围内，猪的增重速度才会最快，饲料转化率最高。环境温度控制不当，如出现过低情况，猪只就必须要消耗很多能量去产热，以维持体温，这样，日增重降低，采食量增加，从而使饲料转化率下降。如果环境温度过高，猪为了散发体热，加快呼吸，新陈代谢受到影响，食欲减退，食量减少，导致生产力下降。有研究发现：在28～35℃高温环境下，15～30公斤、30～60公斤和60～90公斤的生长育肥猪的日增重比正常日增重分别降低6.8%、20%、28%。夏季要防止猪舍暴晒，保持通风。勤冲圈舍和给猪淋澡，多喂凉水和青绿多质饲料，尽力做好防暑降温工作，注意灭蚊和灭蝇。在夏季，可用金银花藤、车前草、夏枯草、淡竹叶四味煎水，让猪常饮，对于防暑消炎、增强猪只免疫力是大有裨益。

③猪舍内的光照及卫生环境。

育肥猪舍内的光照可适当暗淡些，只要便于猪采食和饲养管理工作即可，这样，使猪能得到充分休息。养猪必须有一个安静的环境，噪声对猪的休息、采食、增重都有不良影响，噪声会使猪的活动量增加而影响增重，还会引起惊恐，降低食欲。洁净、干燥、卫生的环境对于猪只的健康生长大有裨益，所以，在生长育肥猪的饲养管理中，一定要保证猪舍内环境卫生，每天清扫被污染的垫草和粪便，定期对猪舍进行消毒，及时进行通风，保证舍内空气新鲜。

第二节　提高生长育肥猪生产力的主要技术措施

1.日粮搭配多样化。猪只生长需要各种营养物质，单一饲粮往往营养不全面，不能满足猪生长发育的要求。多种饲料搭配应用可以发挥蛋白质及其他营养物质的互补作用，从而提高蛋白质等营养物质的消化率和利用率。研究证明，单一玉米喂猪，蛋白质利用率为51%，单一肉骨粉则为41%，如果把两份玉米加一份肉骨粉混合喂猪，蛋白质利用率可提高到61%。

2.饲喂定时、定量、定质。定时指每天喂猪的时间和次数要固定，这样不仅使猪的生活有规律，而且有利于消化液的分泌，提高猪的食欲和饲料利用率。饲喂精料为主的饲料时，每天喂2~3次即可，夏季昼长夜短，白天可增喂一次，冬季昼短夜长，应加喂一顿夜食。饲喂要定量，不要忽多忽少，以免影响食欲，降低饲料的消化率。要根据猪的食欲情况和生长阶段随时调整喂量，每次饲喂掌握在八九成饱为宜，使猪在每次饲喂时都能保持旺盛的食欲。更换饲料时，要逐渐进行，使猪有个适应和习惯的过程，这样有利于提高猪的食欲以及饲料的消化利用率。

3.掌握日粮的稀稠度。日粮调制过稀不仅影响唾液分泌，而且稀释胃液，影响消化。饲喂稀料使猪干物质进食量降低，同时猪排尿增加，消耗体热。因此，日粮调制以稠些为好，一般料水比为1.2∶4。冬季适当稠些，夏季可适当稀些。

4.饲料品质饲料品质不仅影响猪的增重和饲料利用率，而且影响胴体品质。猪是单胃杂食动物，饲料中的不饱和脂肪酸直接沉积于体脂，使猪体脂变软，不利于长期保存，因此，在肉猪出栏上市前两个月应该用含不饱和脂肪少的饲料，防止产生软脂。

5.分群技术要根据猪的品种、性别、体重和吃食情况进行及时合理分群，以保证猪的生长发育均匀。分群时，一般掌握“留弱不留强”“夜合昼不合”的原则。分群后经过一段时间饲养管理，要随时进行调整分群。

6.调教与卫生从小就加强猪的调教，使其养成“三点定位”的习惯，使猪吃食、睡觉和排粪尿固定，这样不仅能够保持猪圈清洁卫生，有利于垫土积肥，减轻饲养员的劳动强度。猪圈应每天打扫，要经常刷拭猪体，这样既减少猪病，又有利于提高猪的日增重和饲料利用率。

7.防寒与防暑温度过低时，猪用于维持体温的热能增多，使日增重下降；温度过高，猪食欲下降，代谢增强，饲料利用率也降低。因此，夏季要做好防暑工作，增加饮水量，冬季要喂温食，必要时修建暖圈。

8.去势、驱虫与防疫猪去势后，性器官停止发育，性机能停止活动，猪表现安静，食欲增强，同化作用加强，脂肪沉积能力增加，日增重可提高7%～10%，饲料利用率也提高，而且肉质细嫩、味美、无异味。在催长期前驱虫一次，可提高增重和饲料利用率。按照一定的免疫程序定期进行疾病预防，注意疫情监测，及时发现病情。

9.防止育肥猪过度运动和受惊生长猪在育肥过程中，应防止过度的运动，特别是激烈地争斗或追赶，过度运动不仅消耗体内能量，更严重的是容易使猪患上一种应激综合征，突然出现痉挛、四肢僵硬，严重时会造成猪只死亡。

10.供给充足的清洁饮水对于调节体温、饲料营养的消化吸收和剩余物排泄不可缺少，水质不良会带入许多病原体，因此既要保证水量充足，又要保证水质。实际生产中，切忌以稀料代替饮水，否则将造成不必要的饲料浪费。

第四章　种猪生产技术

本章在了解我国丰富的猪种资源的基础上，重点介绍目前我国饲养的主要猪品种特点及种猪选择的具体方法。首先介绍了我国地方猪种的名称与原产地、分类以及优良遗传特性，在讨论主要国外引入品种的种质特性的基础上，对4个主要品种及2个配套系进行了介绍；对于我国的培育品种，介绍了它们的特性以及几个主要品种。然后根据猪的主要经济性状遗传特点，介绍性能测定技术及种猪选择的方法。

第一节　猪的品种

我国猪遗传资源极为丰富，据1986年出版的《中国猪品种志》，我国地方猪种分为6种类型有48个品种，培育品种12个，从国外引进经过我国长期风土驯化的猪种6个，共计66个，可谓世界之冠，是世界猪种资源宝库中的重要组成部分。

一、猪的品种分类

按经济类型划分：瘦肉型、脂肪型、肉脂兼用型。

表4.1 猪种经济类型划分比较

<table>
<tr><td colspan="2"></td><td>瘦肉型</td><td>脂肪型</td><td>兼用型</td></tr>
<tr><td rowspan="3">体形外貌</td><td>体型</td><td>流线型</td><td>方砖型</td><td></td></tr>
<tr><td>头颈部</td><td>轻而肉少</td><td>重而肉多</td><td></td></tr>
<tr><td>四肢</td><td>高、四肢间宽大</td><td>矮、四肢间距窄</td><td></td></tr>
<tr><td colspan="2">体长与胸围比</td><td>大于15～20厘米</td><td>基本差不多，不超过2～3厘米</td><td></td></tr>
<tr><td rowspan="2">胴体特征</td><td>瘦肉率</td><td>高于55%</td><td>低于45%</td><td>45%～50%</td></tr>
<tr><td>背膘</td><td>薄、小于3.5厘米</td><td>厚、多于4.5厘米</td><td>3.5～4.5厘米</td></tr>
<tr><td colspan="2">饲料利用特点</td><td>转化瘦肉率高</td><td>转化脂肪率高</td><td></td></tr>
<tr><td colspan="2">代表品种</td><td>长白猪、大约克猪、三江白猪</td><td>槐猪、赣州白猪</td><td>上海白猪、新金猪</td></tr>
</table>

二、我国地方猪种

（一）我国地方猪种的分类

我国地方猪种按其外貌体型、生产性能、当地农业生产情况、自然条件和移民等社会因素，大致可以划分为六个类型：华北型、江海型、华中型、华南型、西南型、高原型。

1.华北型

（1）地理分布：最广，主要在淮河、秦岭以北。

（2）体形外貌：华北型猪毛色多为黑色，偶在末端出现白斑。体躯较大，四肢粗壮；头较平直，嘴筒较长；耳大下垂，额间多纵行皱纹；皮厚多皱褶，毛粗密，鬃毛发达，可长达10厘米；冬季密生绒毛，乳头8对左右。

（3）猪种特点：抗寒力强，产仔数一般在12头以上，母性强，泌乳性能好，仔猪育成率较高。耐粗饲和消化力强。

（4）猪种：东北民猪、八眉猪、黄淮海黑猪、沂蒙黑猪。

2.华南型

（1）地理分布：分布在云南省西南部和南部边缘，广西和广东偏南的大部分地区，以及福建的东南角和台湾各地。

（2）体形外貌：毛色多为黑白花，在头、臀部多为黑色，腹部多为白色，体躯偏小，体型丰满，背腰宽阔下陷，腹大下垂，皮薄毛稀，耳小直立或向两侧平伸；性成熟早，乳头多为5～7对。

（3）猪种特点：早熟，产仔数较少，每胎6～10头，脂肪偏多。

（4）猪种：两广小花猪、蓝塘猪、香猪、槐猪、桃源猪。

3.华中型

（1）地理分布：主要分布于长江南岸到北回归线之间的大巴山和武陵山以东的地区，大致与华中区相符合。

（2）体形：体躯较华南型猪大，体型则与华南型猪相似。毛色以黑白花为主，头尾多为黑色，体躯中部有大小不等的黑斑，个别有全黑者，体质较疏松，骨骼细致，背腰较宽而多下凹，乳头6～8对。

（3）猪种特点：生产性能介于华南与华北之间。每窝产仔10～13头，早熟，肉质细嫩。

（4）猪种：金华猪、大花白猪、华中两头乌猪、福州黑猪、莆田黑猪。

4.江海型

（1）地理分布：主要分布于汉水和长江中下游沿岸以及东南沿海地区。

（2）体形外貌：毛色自北向南由全黑逐步向黑白花过渡，个别猪种全为白色，骨骼粗壮，皮厚而松，多皱褶，耳大下垂。

（3）猪种特点：繁殖力高，乳头多为8对或8对以上，窝产仔13头以上，高者达15头以上；脂肪多，瘦肉少。

（4）猪种：太湖猪、姜曲海猪、虹桥猪、中国台湾猪。

5.西南型

（1）地理分布：分布在云贵高原和四川盆地的大部分地区，以及湘鄂西部。

（2）体形外貌：毛色多为全黑和相当数量的黑白花（“六白”或不完全“六白”等），但也有少量红毛猪。头大，腿较粗短，额部多有旋毛或纵行皱纹。

（3）猪种特点：产仔数一般为8～10头，屠宰率低，脂肪多。

（4）猪种：内江猪、荣昌猪、乌金猪。

6.高原型

（1）地理分布：主要分布在青藏高原。

（2）体形外貌：被毛多为全黑色，少数为黑白花和红毛。头狭长，嘴筒直尖，犬齿发达，耳小竖立，体型紧凑，四肢坚实，形似野猪。

（3）猪种特点：属小型早熟品种。每窝产仔5～6头，生长慢，胴体瘦肉多，背毛粗长，绒毛密生，适应高寒气候。

（4）猪种：藏猪。

（二）我国猪种的优良遗传特性

1.成熟早、产仔多、母性性能好、使用年限较长。

产仔数高，如太湖猪平均产仔15.8头；排卵数多，太湖猪平均排卵数为28.16个，比其他地方猪种多6.58个，比国外猪种多7.06个；胚胎死亡率低，太湖猪早期胚胎死亡率平均为19.99%，国外猪种则为28.40%～30.07%；性成熟早，初情期平均98天，二花脸猪为64天，民猪为142天；平均体重24公斤，金华猪为12公斤，内江猪为40公斤，而国外主要猪种在200天。

2.适应性强、耐粗、抗病力好。

通过对粗纤维利用能力、抗寒性能、耐热性、体温调节机能、高温高湿下的适应性、高海拔下的适应性、耐饥饿及抗病力等8项内容的测定表明：中国猪种具有高度的抗应激性和适应性，有些猪种对严寒（民猪等）、酷暑（华南型猪）和高海拔（藏猪和内江猪）有很强的适应性。绝大多数中国猪种没有猪应激综合征（PSS）。

3.肉质好，但瘦肉少，脂肪多，皮肤比例高，骨头比例少，10个地方猪种肌肉品质的研究表明：肌肉颜色鲜红（没有PSE肉，即没有肉色灰白、质地松软和渗水的劣质肉），系水力强，肌肉大理石纹适中，肌内脂肪含量高，反映到口感上是“肉嫩多汁，肉香味美”，而这些是国外猪种无法与之相比的。

4.矮小特性

贵州和广西的香猪、海南的五指山猪、云南的版纳微型猪以及台湾的小耳猪，是我国特有的遗传资源。成年体高在35～45厘米，体重只有40公斤左右。具有性成熟早、体型小、耐粗饲、易饲养和肉质好等特性，是理想的医学实验动物模型，也是烤乳猪的最佳原料，具有广阔的开发利用前景。

5.体格小，饲养期长，后腿不丰满，斜尻，产肉率低。

（三）国家级猪种资源保护品种

2000年8月22日，中华人民共和国农业部发布第130号公告，确定以下19（21）个地方猪种为国家级猪种资源保护品种，它们是：八眉猪、大花白猪（广东大花白猪）、黄淮海黑猪（马身猪、淮猪）、内江猪、乌金猪（大河猪）、五指山猪、太湖猪（二花脸猪、梅山猪）、民猪、两广小花猪（陆川猪）、里岔黑猪、金华猪、荣昌猪、香猪（含白香猪）、华中两头乌猪（通城猪）、清平猪、滇南小耳猪、槐猪、蓝塘猪、藏猪。

1.八眉猪。华北型，原产地陕西省。特性：耐干旱，特定遗传性状。

2.大花白猪（广东大花白猪）。华中型，原产地广东省。特性：亚热带环境下繁殖力高、体型大。

3.金华猪。华中型，原产地浙江省。特性：金华火腿原料、特定遗传性状。

4.五指山猪。华南型，原产地海南省。特性：小型、医学动物模型。

5.两广小花猪（陆川猪）。华南型，原产地广西壮族自治区。特性：早熟、体型特殊、特定遗传性状。

6.香猪。华南型，原产地贵州省、广西壮族自治区。特性：小型、医学动物模型。

7.太湖猪（二花脸猪）。江海型，原产地江苏省。特性：繁殖力高、知名度高。

8.太湖猪（梅山猪）。江海型，原产地江苏省、上海市。特性：繁殖力高、知名度高。

9.乌金猪（大河猪）。西南型，原产地云南省。特性：宣威火腿原料、特定遗传性状。

10.荣昌猪。西南型，原产地四川省。特性：瘦肉率高、白色、特定遗传性状。

11.滇南小耳猪。华南型，原产地云南省。特性：细致紧凑、特定遗传性状。

12.蓝塘猪。华南型，原产地广东省。特性：耐近交、特定遗传性状。

13.槐猪。华南型，原产地福建省。特性：早熟、沉积脂肪早、特定遗传性状。

14.藏猪。高原型，原产地西藏自治区。特性：适应高原环境、特定遗传性状。

（四）福建省地方良种

1.槐猪。脂肪型，分布于闽西南山区（漳平、上杭、龙岩），早熟沉积脂肪早。

2.官庄花猪。脂肪型，分布于上杭县官庄乡，早熟易肥、烤乳猪。

3.闽北花猪。脂肪型，分布于沙县、顺昌、南平等，早熟易肥、肉质细嫩、味道鲜美。

4.武夷黑猪。脂肪型，分布于武夷山脉，早熟易肥、皮薄肉嫩、适应潮湿多雾气候，但产仔少，生长慢。

5.莆田黑猪。兼用型，分布于莆田、仙游、福清，耐粗、繁殖性能好。

6.福州黑猪。兼用型，分布于福州郊区，体型大、产仔多、哺育性能好、瘦肉率高，但均匀性不好。

7.福安花猪。兼用型，分布于福安、霞浦，耐粗、皮薄、肉质好，但生长慢，卧系、斜尻。

8.平潭黑猪。兼用型，分布于平潭，适应海岛气候，但肉脂比例及后腿重不够理想。

三、引入的国外品种

19世纪末期以来，从国外引入的猪种有十多个，其中对我国猪种改良影响较大的有中约克夏猪、巴克夏猪、大白猪、苏白猪、克米洛夫猪、长白猪等；20世纪80年代，又引进了杜洛克猪、汉普夏猪和皮特兰猪。目前，在我国影响大的瘦肉型猪种有大约克夏猪、长白猪、杜洛克猪、皮特兰猪及PIC配套系猪、斯格配套系猪。

（一）国外引入品种的种质特性

1.生长速度快，饲料报酬高。

体格大，体型均匀，背腰微弓，后躯丰满，呈长方形体型。成年猪体重300公斤左右。生长育肥期平均日增重在700～800克以上，料重比2.8以下。

2.屠宰率和胴体瘦肉率。

100公斤体重屠宰时，屠宰率70%以上，胴体背膘薄18毫米以下，眼肌面积33平方厘米以上，后腿比例30%以上，胴体瘦肉率62%以上。肉质较差，肉色、肌内脂肪含量和风味都不及我国地方猪种，尤其是肌内脂肪含量在2%以下。出现PSE肉（肉色苍白、质地松软和渗水肉）和暗黑肉（DFD）的比例高，尤其皮特兰猪的PSE肉的发生率高。

3.繁殖性能差。

母猪通常发情不太明显，配种难，产仔数较少。长白猪和大白猪经产仔数为11~12.5头，杜洛克、皮特兰一般不超过10头。

4.抗逆性较差。

（二）主要引入品种

1.大约克夏猪原产于英国。体型大、被色全白，又名大白猪。大约克夏猪具有增重快、繁殖力高、适应性好等特点。窝产仔数11.8头，日增重930克，饲料转化率2.30，胴体瘦肉率61.9%。在我国猪杂交繁育体系中一般作为父本，或在引入品种三元杂交中常用作母本，或第一父本。

2.长白猪原产于丹麦，体躯长，被毛全白，在我国都称它为长白猪。长白猪具有增重快、繁殖力高、瘦肉率高等特点。窝产仔数12.7头，日增重947克，饲料转化率2.36，胴体瘦肉率60.6%。在我国猪杂交繁育体系中一般作为父本，或在引入品种三元杂交中常用作母本，或第一父本。

3.杜洛克猪原产于美国，全身被毛棕色。杜洛克猪具有增重快、瘦肉率高、适应性好等特点。在生产商品猪的杂交中多用作终端父本。

4.皮特兰猪原产于比利时。被毛灰白，夹有黑色斑块，还杂有部分红毛。皮特兰猪具有体躯宽短、背膘薄、后躯丰满、肌肉特别发达等特点，目前世界瘦肉率最高的一个猪种。但该品种的肌纤维较粗，肉质肉味较差。日增重800克以上，饲料转化率2.4，胴体瘦肉率64%。在生产商品猪的杂交中多用作终端父本。

四、我国培育品种

从1949年到1990年的41年间，我国广大养猪工作者和育种专家通力协作，在23个省、市、自治区共育成新品种、新品系38个。近年来又有一些新品种或配套系育成，并通过国家畜禽品种审定委员会猪品种审定专门委员会的审定。这些猪的新品种和新品系既保留了我国地方品种的优良特性，又兼备了引入品种的特点，大大丰富了我国猪种资源基因库，推动了猪育种科学的进步，并且普遍应用于商品瘦肉猪生产。培育新品种和新品系的目的，是保留我国地方品种猪母性强、发情明显、繁殖力高、肉质好、适应本地条件、抗逆性强、耐粗饲等优点，改进其增重慢、体型结构不良、屠宰率低、胴体瘦肉率低等缺点。培育品种与引入品种比较：外形整齐度差，体躯结构还不够理想，腹围较引入品种大；生长发育、增重速度（日增重500~700克）、饲料报酬

（3.0～3.7）和胴体瘦肉率（52%～62%）还不及引入品种。在猪的杂交繁育体系中，一般作为母系品种。下面简要介绍几个主要培育品种：

1.哈尔滨白猪。哈尔滨白猪简称哈白猪，产于黑龙江省南部和中部，以哈尔滨市及周围各县较为集中。哈尔滨白猪是当地猪种同约克夏、巴克夏和俄国不同地区的杂种猪进行无计划的杂交，形成了适应当地条件的白色类群。自1953年以来，通过系统选育，扩大核心群，加速繁殖与推广，1975年被认定为新品种。

哈白猪具有较强的抗寒和耐粗饲能力，肥育期生长快耗料少，母猪产仔和哺乳性能好等特点。

2.上海白猪。上海白猪的中心产区位于上海市近郊的上海县和宝山县。1963年前很长一个时期，上海市及近郊已形成相当数量的白色杂种猪群，这些杂种猪具有本地猪和中约克夏猪、苏白猪、德国白猪等血液。1965年以后，广泛开展育种工作。1979年被认定为一个新品种。

上海白猪体型中等，全身被毛白色，属肉脂兼用型猪，具有产仔较多，生长快，屠宰率和瘦肉率较高，特别是猪皮优质，适应性强，既能耐寒又能耐热等特性。

3.湖北白猪。湖北白猪主产于湖北武昌地区。1973～1978年展开大规模杂交组合实验，确定以通城猪、荣昌猪、长白猪和大白猪作为杂交亲本，并以“大白猪×（长白猪×本地猪）”组合组建基础群，1986年育成的瘦肉型猪新品种。

湖北白猪体格较大，被毛白色，能很好适应长江中下游地区夏季高温和冬季湿冷的气候条件，并能较好地利用青粗饲料，兼有地方品种猪耐粗饲特性，并且在繁殖性状、肉质性状等方面均超过国外著名的母本品种。

4.三江白猪。三江白猪主产于黑龙江省东部合江地区。以长白猪和东北民猪为亲本，进行正反杂交，再用长白猪回交，经6个世代定向选育10余年培育成的瘦肉型猪新品种，于1983年通过鉴定，正式命名为三江白猪。三江白猪全身被毛白色，具有很强的适应性，不仅抗寒，而且对高温、高湿的亚热带气候也有较强的适应能力。在农场生产条件下，表现出生产快、耗料少、瘦肉率高、肉质良好、繁殖力较高等优点。

5.北京黑猪。北京黑猪中心产区为北京市国营北部农场和双桥农场。基础群来源于由华北型本地黑猪与巴克夏猪、中约克夏猪、苏白猪等国外优良猪种进行杂交，产生的毛色、外貌和生产性能颇不一致的杂种猪群。1960年以来，选择优秀的黑猪组成基础猪群，通过长期选育，于1982年通过鉴定，确定为肉脂兼用型新品种。

北京黑猪被毛全黑，具有肉质优良、适应性强等特性，是北京地区的当家品种，与国外瘦肉型良种长白猪、大约克夏猪杂交，均有较好的配合力。

6.南昌白猪。南昌白猪中心产区是江西省南昌市及其近郊。1987~1997年通过滨湖黑猪、大约克夏猪等品种杂交培育而成的，并经国家猪品种审定专业委员会审定通过。

南昌白猪毛色全白，背长而平直，后躯丰满，四肢结实，具有适应性强、肌内脂肪丰富、肉质优良等特性。

五、我国猪种资源的保护与利用

（一）我国猪种资源的保护

现代猪种的遗传改良集中在少数瘦肉型良种猪，世界各国都以很大的比例逐渐取代了地方猪种，占据了世界养猪生产的主导地位。对于发展中国家，虽有较丰富的猪种资源，由于盲目引进外来品种杂交和保种措施不当，造成地方猪种的退化和数量的锐减。世界性的猪种资源危机已成为严峻的现实。

我国重视地方猪种的保护工作，几乎每个地方猪种都设有保种场，因此除少数猪种濒临灭绝外，绝大多数还是基本上保存下来了。

1.保种的重要性

（1）人类社会生存发展的需要。畜禽遗传资源是创造人类所需要的畜禽品种的基本素材，是满足人类社会现在以及未来生存和发展的基本素材，是国家的战略性资源。

（2）畜牧业可持续发展的需要。我国许多畜禽品种具有独特的遗传性状，如繁殖力高、成熟早，肉质风味独特及药用价值、特异抗病能力和抗逆性强，是培育高产、优质动物新品种的良好素材，有利于培植产业优势，提高我国畜产品在国际市场中的竞争能力。

2.保种的基本方法

（1）活体原位保存

实用，可以在利用中动态地保存资源，弊端是需要设立专门的保种群体，维持成本很高，同时管理问题以及畜群会受到各种有害因素的侵袭，例如疾病、近交等。

（2）配子或胚胎的超低温保存

目前还不能完全替代活畜保种，作为补充方式具有很大的实用价值。可以较长时期地保存大量基因，免除畜群对外界环境条件变化的适应性改变；样本收集和处理费用较低，冷冻保存的样本也便于长途运输。

（3）DNA保存

DNA基因组文库作为一种新方法，目前处于研究阶段，随着分子生物学和基因工程技术的完善，可以直接在DNA水平上保存一些特定的性状。通过对独特性能的基因或基因组定位，进行DNA序列分析，利用基因克隆，长期保存DNA文库，是一种安全、可靠、维持费用最低的保存方法。此外体细胞保存也是很有希望的一种方式，这些方法各有利弊，需要共同使用，互相作为一种补充。

（二）我国猪种资源的开发利用

1.利用杂种优势。利用中国猪与西方现代猪种的显著差异，通过杂交，获得明显的互补效应和杂种优势。我国地方猪种普遍具有繁殖力高、肉质好、耐粗放的优点，西方现代猪种则具有生长快、饲料转化能力强、瘦肉率高的优点，双方的优点又正好是对方的弱点，杂种大多兼具双方的优点，既有较高的繁殖力和良好的肉质，又生长较快、瘦肉率较高、适应性强，对饲养环境和繁殖技术要求较低，适合农村饲养。

2.培育新品种（系）。以我国地方猪种的突出优点作为育种素材，培育新的品种和品系。

太湖猪具有繁殖力高（高于西方猪80%）、肉质优良、耐粗放等优点，但它具有明显的弱点，即生长慢、瘦肉率低、精饲料转化能力差，缺乏市场竞争力。用它作为三元杂交的母本，效果是很好的，但经济上不合算。纯繁的公猪需要量不多，经济利用价值小，而且三元杂交不易组织。苏州市苏太猪育种中心引入50%的杜洛克猪血液，经过10年的选育，育成了生长较快、瘦肉率较高、繁殖力高、肉质鲜美的新品种，命名为苏太猪。

欧美各国也都引进太湖猪以提高现代猪种的繁殖力，效果也是明显的，一般都能提高产仔数1～3头，这是西方猪种上百年选种得不到的成绩。

3.特殊基因资源的利用。利用我国地方猪种的矮小、肉质优良等特性，一是作为实验动物，二是开发名优特产品。香猪、五指山猪等小型猪种不仅是人类心血管疾病、消化代谢疾病、口腔疾病及胚胎遗传工程等方面理想的实验动物，而且是烤乳猪的最佳原料；金华猪、大河猪分别是金华火腿与宣威火腿的原料猪。

第二节　空怀母猪的标准化管理

空怀母猪是指尚未配种的或是虽配种而没有受孕的母猪，包括后备母猪和经产母猪。饲养空怀母猪，要抓好两件事：一是要使后备母猪早发情、多排卵，二是要使断奶母猪或配过种但没有受孕的母猪尽快重新配种受孕。

一、空怀母猪的营养需求

在营养需要上，此期应特别重视蛋白质的供给，不但要保证数量，而且还要注意质量，一般要求日粮中粗蛋白质占14%～16%。如果蛋白质供应不足会影响卵子的正常发育，并使排卵数减少。蛋白质品质差也会使受胎率降低，甚至不孕。在矿物质营养上，对钙的供给不足也极为敏感，会造成不易受胎或不孕，产仔数减少或产弱仔多，产后瘫痪。维生素A、维生素D、维生素E对母猪的繁殖意义很大。日粮中维生素A不足，会降低性功能，还会影响卵泡成熟，使受精卵难于着床，引起不孕，使断奶后母猪发情延迟；倘若伴随维生素D缺乏，则使上述不良后果加剧。维生素E缺乏会造成不育。维生素B_{12}、胆碱等对母猪的繁殖性能亦有影响。在母猪不缺乏青绿饲料时，一般不易缺乏维生素，但在冬季和早春缺乏青绿饲料时，需添加“复合维生素”予以补充。特别是在集约化养猪生产中更应注意补充。根据母猪配种准备期的营养需要特点，在日粮中供给大量的青绿饲料和多汁饲料是很适宜的，这类饲料富含蛋白质、矿物质和维生素，对排卵数量、卵子质量、排卵的一致性和受精都有益处。对断奶后瘦弱的经产母猪如果不能正常发情，可以采取短期优饲的措施，即在短期内（5～7天）提高日粮能量水平，在维持基础上提高50%～100%，增加精饲料喂量，使其尽快恢复体况，并能较早地发情、排卵、配种。

二、空怀母猪的标准化管理

空怀母猪在管理上，要注意保持圈舍清洁卫生、干燥，空气流通、采光良好以及温度适宜。一般而言，大多数母猪在断奶5～7天即可发情。对于不发情的母猪应检查原因，及时采取相应的措施。如果是营养不足造成，就应改善饲养条件，调整饲粮组成，适当增加精饲料，特别是动物性蛋白质饲料的喂量，注意补充维生素和矿物质饲料。如果是营养过剩造成的，就应减少精饲料喂量，增加青绿饲料喂量，并加强运动，可促使其尽快发情。

三、母猪的发情与配种

性成熟以后的母猪全年发情，四季配种。发情鉴定和适时配种是提高受胎率和产仔数的关键技术措施之一。

1.母猪的发情期：母猪的发情周期为18～24天，平均为21天。在一个发情周期内，要经历发情前期、发情期、发情后期和休情期四个阶段。母猪的发情期因个体的不同而有差异，最短的只有1天，最长的有6～7天，一般为3～4天。青年母猪发情期较经产母猪短。从品种来说，国外引进品种发情持续期短，而本地品种较长。

2.发情症状：母猪的发情症状因不同品种或不同个体而不完全相同，但大多表现一致。开始发情时，兴奋性逐渐增加，常在栏内走动，食欲下降，外阴发红微肿，并流出少量透明黏液，以后性欲变强，常爬跨其他母猪或接受其他母猪爬跨，当舍内有公猪时，就会自动接近公猪；食欲进一步降低以至废绝，外阴部红肿达到高峰，流出白色浓稠带丝状黏液。当阴户红色变暗，肿胀消退出现皱纹时，母猪逐渐变得安静，人极容易接近。用力按压腰部时，母猪静立不动，两耳耸立，尾向上举，这就是所谓的“静立反射”，此时母猪会接受公猪的交配。

在实际工作时，发情鉴定除观察母猪在发情期的表现外，还可以结合发情周期，利用公猪的声音及气味等来帮助判别发情，以便适时配种。

3.适时配种：

（1）初情期与性成熟的概念：小母猪一般在出生后120～160天出现不规则的外阴部红肿的现象。其卵巢也有相当程度的发育，但不排卵，第一次出现排卵称为初情期，这标志着小母猪的性成熟。性成熟并不意味着可以立即配种。这是因为第一次发情时排卵数目少，身体其他器官和组织的发育也未达到成熟。因此一般应在第二或第三次发情时配种，这是提高母猪第一胎产仔数的重要措施之一。

（2）掌握配种时机：适时配种是提高受胎率和产仔数的关键。猪的生殖生理是确定配种适期的基础。母猪的发情持续期平均约59小时，排卵时间是在发情开始后25～36小时（平均31小时）。在输卵管内，卵子保持受精能力的时间为8～12小时，而精子为25～30小时。因此，精子应在卵子排出之前2～3小时，即发情开始后20～30小时到达输卵管壶腹部。过早或过迟交配，均会因精子或卵子活力丧失而影响受胎率或产仔数。在实际工作时，适时配种是与发情鉴定联系在一起的。掌握母猪发情期以后的表征，可以归纳为“五看”。一看阴户，由充血红肿到紫红暗淡，肿胀开始消退并出现皱纹；二看黏液，由稀薄到浓稠并带丝状，阴户往往粘有垫草；三看表情，表情呆滞，出现“候配反应”；四看年龄，“老配早，小配晚，不老不少配中间”；五看品种，国外引进猪种配种适期为发情后的2～3天，长白猪比大约克夏猪晚1～1.5天。杂种母猪发情3～4天，可以在发情后第二天下午配种。培育品种发情2～3天，可以在发情当天下午或第二天上午配种。地方母猪发情时间长，可在发情后2～3天配种。

4.配种方式与方法：

（1）配种方式：按照母猪一个发情期内的配种次数，配种方式分为单次配种、双重配种、重复配种和多次配种。

单次配种即母猪在一个发情期内只用一头公猪交配一次。这种方法通常受胎率低。双重配种是指母猪在一个发情期内，用两头公猪先后相隔10分钟各配一次。商品场可利用双重配种的方式来提高受胎率和产仔数。重复配种是指母猪在一个发情期内用同一头公猪或几头公猪先后配种2～3次。一般在出现“候配反应”时配第一次，相隔12小时左右配第二次，使先后排出的卵子都能受精。在育种场为保证血缘关系大多采用此法。对于初产猪和国外引进品种，由于发情症状不明显，不易判断配种适期的，可配种3次但不超过3次，即多次配种。

（2）配种方法：配种方法有自然交配（本交）和人工授精。自然交配时应注意以下问题。

①配种场地：配种应有专门的场地。配种场地应保证地势平坦，不打滑，并离公猪舍远一些。配种结束后的公猪应稍休息，让气味散发后再回到舍内，以免引起其他公猪骚动不安。

②配种时间：公母猪喂食前，或喂食后2小时。

③严格消毒：配种前用0.1%的高锰酸钾溶液清洗母猪外阴、肛门和臀部，以及公猪包皮周围和阴茎，以减少母猪阴道和

子宫感染，减少死胎和流产。

④配种舍温度：高温季节配种舍一定要注意降温，配种时间最好在清晨或晚间，以提高受胎率。但注意不在公猪刚配完种时冲凉。

⑤配种记录：配种后要做好记录。

四、促进母猪发情的措施

促进母猪发情排卵的措施很多，常用的有以下几种：

1.公猪诱情：公猪的刺激，包括视觉、嗅觉、听觉和身体接触，这些刺激对促进母猪发情排卵的作用很大。性欲好的公猪和成年公猪的刺激作用比青年公猪和性欲差的公猪的作用更大。待配种的母猪，应该关养在与成年公猪相邻的栏内，让母猪经常接受公猪的形态、气味和声音的刺激。每天让成年公猪在待配母猪栏内追逐母猪10～20分钟，既可以让母猪与公猪直接接触，又可以起到公猪的试情作用。

2.适当混群：对母猪来说，混栏和驱赶运动均是一种应激，对提早发情也有利，因为适当的刺激可以提高母猪机体的兴奋性。断奶后的空怀母猪和配种后没有怀孕也不表现发情的母猪，最好是每栏4～5头混养，但要注意混养的母猪的年龄与体重相差不要太大，也不要把性情凶狠的母猪与性情温驯的母猪混养在一起，以免打斗过于激烈，造成伤残甚至死亡。有种猪运动场的猪场，最好每天有一定的时间，适当驱赶空怀母猪运动。经过这样适当的应激，一些处于发情静止状态的母猪，会重新表现发情。也可以把不发情的空怀母猪赶到发情母猪圈舍，通过爬跨刺激也可以促进发情排卵。

3.调整日粮：母猪在配种前，采食高能量水平的日粮，对提高青年母猪的排卵数和帮助断奶后体况较差的母猪恢复正常的体况很有效。体况中等的青年母猪，或断奶后体况较瘦的经产母猪，对饲料的反应比体况肥胖的母猪大。体况中等的青年母猪或体况较差的断奶母猪，在配种前2周可每天喂给专门配制的高能量饲料，或使用常规的空怀母猪料，但每天的投喂量要比正常喂料量多1/3 ~ 1/2才可达到催情的目的。

4.控制膘情：用于配种的母猪应有一定的繁殖体况，即最易发情、配种、妊娠的体况一般以7 ~ 8成膘为宜，对于营养不良、过分瘦弱而不发情的母猪，可适当增加精饲料和青绿饲料，使其恢复膘情即可发情。对于过于肥胖造成的不发情者，可适当减少糖类饲料，使其达到种用体况即可恢复发情。

5.按摩乳房：按摩乳房不仅能刺激其乳腺的发育，还能兴奋母猪的性活动，促使其发情和排卵。按摩的方法有两种：一是表面按摩法，是用整个手掌有力而柔和地自前往后反复按摩乳房皮肤和乳头，每次5 ~ 10分钟，待母猪出现发情症候之后，再采用表面按摩和深层按摩混合法；二是深层按摩法，将手指弯曲成环状，用手指的尖端按摩皮下深处的乳腺层，在乳头四周做回周运动而不触及乳头，这种方法能促使其分泌黄体生成素，从而引起发情和排卵。

6.加强运动：对不发情的母猪进行驱赶运动，可促进新陈代谢，改善膘情，能促进母猪发情排卵，同时还能接受日光照射，呼吸新鲜空气，如能与放牧结合则效果更好。

7.注射激素：给母猪皮下注射5毫升孕马血清，一般注射后4 ~ 5天就可发情；或给母猪注射1000单位绒毛膜促性腺激素，也可促使发情。但必须注意，应用外源激素催情，必须在正常饲养管理条件下，母猪又有较好的体况时才能奏效，否则效果不佳。

五、配种注意事项

1.选择合适地点：配种地点要保持干燥、卫生、地面不光滑。

2.严格消毒：不论是本交或人工授精，都有可能将细菌、病毒等带进母猪产道，影响母猪健康和配种产仔效果，所以配种时必须对公猪和母猪阴部进行消毒，人工授精时要保证各种器械的无菌，特别是输精管。

3.配种时间：配种应在早晨或傍晚饲喂前1小时进行，绝对禁止在公猪舍附近配种，以免引起其他公猪的骚动不安。

4.配种后：要驱赶母猪走动，不让其立即躺卧，以防精液倒流。

第三节　妊娠母猪的标准化管理

配种受胎后的母猪称之为妊娠母猪。妊娠母猪饲养管理的基本任务是保证受精卵和胎儿在母体内正常发育，防止死胎和流产现象发生，以获得数量多、发育好的仔猪。保证母猪在妊娠期有良好的体况，为哺乳期的泌乳打下基础。另外对初产的母猪要优饲，初产母猪需20%～30%的营养以维持自身生长发育。

一、母猪的妊娠诊断

对母猪妊娠诊断，在生产上具有重要意义。在妊娠初期，可以早期发现母猪是否怀孕，如果没有怀孕可以及时补配，减少空怀；在妊娠中期，通过诊断，以加强保胎工作；妊娠后期，通过诊断以估计出胎儿头数，便于确定母猪的饲养定额和分群管理，同时更准确地掌握分娩日期，及早做好接产准备工作，确保母猪的安全分娩。

1.根据发情周期：猪的发情周期一般为21天，如果母猪配种后21天不再发情，就可推断已经妊娠，当第二个发情周期开始时母猪还没有发情症状时，就可确认已经妊娠。

2.根据母猪行为和外部形态变化：母猪配种后，如果表现疲倦、贪睡、食欲旺盛、食量逐渐增加、容易上膘、性情变得温顺、行动稳重，一般可推断为妊娠。母猪妊娠50天后，外形发生一些小的变化。从侧面观察母猪，其腹部容积加大，腹底稍呈尖形，范围达到胸部乳房基部，且被毛光泽；从母猪的后面向前看，腹部容积增大，突出部分也很明显。

3.注射激素的方法：激素注射妊娠诊断法已经实用化，这种方法的准确率达90%～95%。该方法是在母猪配种后第16～17天注射人工合成的雌激素，注射后3～5天出现发情症状的母猪是空怀母猪，在注射5天内不表现发情症状的母猪为妊娠母猪。主要机理是妊娠母猪卵巢上有大量的黄体分泌黄体酮，虽注射雌激素也不能使母猪出现发情症状。如果母猪配种后没有妊娠，卵巢中的黄体大约在配种后18天消失，在16天时注射雌激素就会使母猪表现出发情症状。

4.超声波早期诊断妊娠：用超声波测定动物胎儿的心跳数，能够早期预测母猪是否怀孕和胎儿的发育状况。在母猪配种后20～29天进行超声波测定，判断是否妊娠，其准确率一般为80%；配种后40天测定其准确率是100%。所谓超声波，就是人耳听不到的高频音波。把超声波测定仪的探触器贴在母猪腹部体表后，发射超声波，根据胎儿心脏跳动的感应信号，或者脐带多普勒信号，可判断母猪是否妊娠。

二、妊娠母猪的生理变化

母猪配种后，精子和卵子结合成受精卵，受精卵发育成胚胎，胚胎在母猪体内的发育，以及母猪伴随着胚胎的发育过程所发生的一系列生理变化过程称为妊娠。妊娠过程是从精卵结合的受精开始到成熟的胎儿出生为止。

1.妊娠母猪的体重变化：母猪在妊娠期间由于胎儿的生长发育、子宫及其他器官的发育，以及为产后泌乳进行营养贮备，因此母猪食欲旺盛，对饲料的消化能力和吸收能力提高。妊娠期的母猪体态丰满，全身被毛平直而光亮，体重增加很快。

2.胚胎及胎儿发育：妊娠期胚胎的生长发育是有规律的。在妊娠初期，胚胎很轻，增重不快；60天后增重速度加快；90天后胎儿增重十分迅速，胎儿体重的60%左右是在这个时期增长的，这个时期必须增加营养以满足胎儿的生长发育。

3.胚胎及胎儿死亡高峰期：母猪每个情期的排卵数和卵子的受精率均较高，为92%～98%，但约有一半的受精卵在胚胎发育过程中死亡。造成胚胎死亡的原因较复杂，如遗传、营养应激、生殖系统疾病、内分泌紊乱、管理不当、热应激等都会导致胚胎死亡。胚胎死亡约有三个高峰期：第一高峰期：受孕后9～13天的胚胎附植初期，游离的受精卵附植到子宫的黏膜上，在未形成胎盘前没有保护物，易受各种因素的影响。死亡率占受精卵总数的5%～15%。第二高峰期：受孕后3周左右。此时正处于器官形成阶段，死亡原因是胚胎在争夺胎盘分泌的某种有利于其发育的类蛋白质物质时，强者存、弱者亡。此期为胚胎死亡的最高峰期，死亡率约为25%。第三高峰期：受孕后60～70天。此期胎盘发育停止，胎儿生长迅速，如果胎盘机能不健全，易造成营养供不应求，致使一批胎儿死亡或营养不良，占5%～10%。

三、妊娠母猪的标准化管理

1.妊娠母猪营养需要特点：妊娠母猪的饲养目的就是要保证受精卵尽可能多地着床，胚胎尽可能多地成活，胚胎在母体内发育良好，同时母猪在体内有一定的营养贮备，以利于产后泌乳。母猪妊娠后，生殖器官和胎儿的生长在114天的妊娠期表现为前低后高的特点。在前几周，仅仅母猪的子宫、胎衣、胎水增加，胎儿到第9周才有初生体重的8%，整个生殖器官的增长很少，此阶段母猪的营养需要仅仅略高于维持需要。妊娠的后半期，特别是妊娠的后1/3阶段，胎儿的生长速度明显加快，营养物质的沉积增加。到妊娠最后几周，母猪乳腺中营养物质的沉积会明显增加。

妊娠母猪的营养分配优先顺序为：生殖器官>胎儿>神经系统>骨骼>肌肉>脂肪。母猪在妊娠期自身也需贮备一定的营养。但早期饲喂过多，胎儿死亡会增加，而且还影响产后的食欲，泌乳期的失重增加。高水平饲料的摄入并不能改进窝产仔数和初生重，所以可以通过限制妊娠期母猪饲料摄入量来达到节约饲养成本的目的。妊娠期限制饲喂，可以增加胚胎的存活率，减轻母猪的分娩困难，减少母猪压死初生仔猪的数量，减少母猪在哺乳期的体重损耗，显著降低饲养成本，减少乳房炎的发生率，延长繁殖寿命。

2.妊娠母猪的管理：妊娠母猪的妊娠期为114天，分为三个阶段：妊娠初期为1～30天，妊娠中期为31～90天，妊娠后期为91～114天。妊娠初期，母猪的任务较重，这时肩负着弥补上胎分娩、泌乳的减重及胚胎发育的营养需要，应特别注意供给优质的精饲料以及充足的青绿饲料。妊娠中期，胎儿的生长速度逐渐加快，此时胎儿已经固定在子宫壁上，流产、死胎发生较少。母猪可在此时进行合群，重新编耳号，预防注射等。妊娠后期，胎儿的发育很快，接近分娩，这时要进行攻胎，在产前20天左右开始加料，增加青绿饲料的供给。

妊娠母猪管理的主要任务是保胎工作，所以要保持猪舍环境安静，严禁鞭打妊娠母猪，严禁在猪舍内外喧哗、打斗，各种操作要轻、稳、细，且要避免拥挤而引起流产。母猪舍的适宜环境温度为15～22℃，所以应控制室温，通风换气，温度过高要注意防暑降温，过低则要防寒保暖。同时还应加强营养及保证饲料的质量，尽量减少死胎、难产。

第四节　母猪的分娩与接产

一、母猪分娩生理机制

发育成熟的胎儿通过母猪生殖道生产的生理过程称为分娩。分娩是很复杂的一系列反射过程。一般认为在母猪妊娠终了时，机体内发生的许多变化都与分娩有关。首先是胎儿生长和运动的日益加强，引起子宫压力感受器和机械感受器的兴奋，当兴奋达到一定程度时，反射性地引起分娩动作；其次是在妊娠末期，机体内的黄体酮含量急剧降低，雌激素的含量则变得较多，这两种激素的变化都使子宫内化学感受器对刺激的敏感性剧烈地提高；再次是由于雌激素能加强机体内乙酰胆碱的合成和抑制垂体后叶素酶对垂体激素的破坏作用；另外，外界环境也会影响母猪的分娩。实践观察，母猪分娩大部分在夜间进行，主要是因为这时大脑皮层的兴奋性降低，它对皮层下中枢的抑制性影响减弱，因而有利于分娩的进行。

二、母猪分娩前症候

1.乳房及乳头的变化：母猪在产前15～20天，乳房基部与腹壁之间开始出现界线，随着预产期的临近，乳房由后向前逐渐出现肿胀、下垂；产前3天左右，乳梗膨胀、潮红，两侧乳头向外张，乳头呈“八”字形排开；用手挤乳房时，如能挤出黄色浓稠乳汁，则母猪大约可在1天内分娩。

2.母猪行为的变化：母猪产前12小时左右，精神开始抑郁，食欲缺乏，性情急躁，并有防卫反应，当陌生人走近时，常有张口攻击动作出现，且常来回走动。越接近临产，时起时卧越频繁，排尿次数也增多，而且母猪有衔草做窝行为。

3.阴户的变化：产前3～5天，阴户开始肿大，逐渐潮红。产前数小时，多数母猪流出少量黏液。当母猪侧卧、尾巴摇摆、开始努责动作、流出红色胎液时，即是开始分娩的标志。

4.骨盆部的变化：母猪在产前1～2周，骨盆韧带开始软化，至产前12～36小时，荐坐韧带后缘非常松软，外形消失。在荐坐韧带软化的同时，荐髋韧带也变松弛，荐骨后端的活动因而增大，产道变宽，造成尾根塌陷。

三、母猪分娩过程

分娩过程在一般状况下分为三个阶段，分别为开口期、胎儿排出期和胎衣排出期。

第一个阶段为开口期。在开口期内，子宫肌出现一系列的阵缩，初期每次收缩时间很短，间歇时间较长，大约每15分钟阵缩一次，每次约20秒，以后收缩逐渐加强，收缩时间延长，间歇时间变短，大约几分钟重复收缩一次。

第二阶段是胎儿排出期。在排出期内，子宫肌发生更加强烈、频繁且持久的收缩。同时腹壁和膈肌也发生强烈收缩，使腹腔内的压力显著升高。此时，胎儿受到的压力达到最大，最终把胎儿从子宫经过骨盆口和阴道挤出体外。胎儿排出后，脐带在仔猪自身重量和拉扯的影响下被扯断。

第三阶段是胎衣排出期，也是分娩的结束期。在仔猪全部从母体排出后，经过短时间的间隙，子宫肌重新开始收缩。此时阵缩的特点是收缩期短，收缩力较弱而间歇期较长，收缩直到胎衣从子宫中全部排出为止。胎衣排出后，分娩动作停止，分娩过程全部结束。

猪正常分娩间歇时间一般为5～25分钟产出1头仔猪，分娩持续时间一般为1～4小时。仔猪全部产出后间隔10～30分钟胎衣排出，此时分娩即告结束。

四、母猪接产技术

1.产前准备：

（1）消毒工作：从事养猪生产最大的问题之一是仔猪疾病难以控制，新生仔猪对各种病毒、病菌非常敏感。这些病毒、病菌的来源和传播途径主要有两个，一是污染的产房内固有病原菌，二是由母体带入产房。为切断这些传播途径，保证出生仔猪健康，必须事先进行彻底有效的消毒。

①产房消毒：母猪进产房前1周，首先，对产房和产床彻底清扫，用高压水冲洗产床、地面和墙壁，直至表面看不到污物，晾干后以甲醛熏蒸消毒，或用2%～3%火碱水进行全舍内喷雾消毒，经12小时干燥后再用高压水冲洗，待干燥后方可以进猪。若能用火焰再消毒一次，效果更好。从空栏冲洗开始至进猪时间间隔不能小于7天。

②猪体消毒：母猪进产房前必须对其全身进行消毒。方法是在妊娠舍通往分娩舍的适当地点设一固定的母猪消毒间，冬天用

温水，夏天用凉水先对母猪全身清洗，然后用百毒杀或来苏儿进行猪体消毒，尤其注意母猪外阴部和乳房的消毒。冬季约半个小时彻底晾干后经专用转猪道转入产房。

（2）保暖工作：仔猪抗寒能力很弱，特别是在严寒冬季。因此，必须对仔猪进行保暖。保暖设备有许多种，可根据具体条件选定。目前，一般常用的有红外线灯、温水循环和电加热板等方法。红外线灯的吊灯距地面高度为45厘米。设备简单，除有保温效果外，红外线还有预防和治疗皮肤病的作用，缺点是目前使用的均为175瓦灯泡，调温困难，冬季容易灼伤仔猪皮肤。温水循环法适用于集约化大型猪场，其优点是床面干燥卫生，仔猪腹部也可得到保暖，有助于猪的生理代谢，预防下痢，增强内脏功能，但缺点是投资较大。

2.接产准备：接产前要准备好产仔哺乳记录卡、剪刀、耳号钳、毛巾、水盆、秤、钟表、记录笔、5%碘酊、消毒液、肥皂、手术刀、针线及应急照明用具等。对地面饲养的猪还需要准备垫草，垫草要求干燥、柔软、清洁、长短适中（10～15厘米）。此外，接产员在接产前，除了对接产用品进行消毒外，还要把手上的指甲剪短、锉光，用肥皂水或消毒水洗净。

3.接产操作要点：

（1）擦干黏液：妊娠母猪出现频频排尿、站卧不安、开始阵痛、阴户流出稀薄黏液等症状时，仔猪即将出生，此时值班人员不可离岗。仔猪出生后连脐带尽快移到比较安全的地方，用洁净的毛巾将口、鼻内的黏液掏除擦干净，然后再用毛巾或垫草迅速擦干皮肤。这对促进血液循环、防止仔猪热量过多散失和预防感冒非常重要。可在分娩母猪臀部后临时增设一保温灯，提高母猪分娩区的温度，防止仔猪出生时温差大而受冻。

（2）断脐带：仔猪离开母体时，一般脐带会自行从母体上扯断，但仔猪仍拖着20~40厘米长的脐带，此时应及时人工扯断脐带。其正确方法是先将脐带内的血液向腹部方向挤压，然后在距腹部4~5厘米处用手钝性掐断。由于钝性掐断，血管受到压迫而迅速闭合，故一般断脐带后不会流血不止，不必结扎。断脐带后用5%碘酊将脐带断部及仔猪脐带根部一并消毒。

（3）剪犬齿：仔猪初生就有8枚状似犬齿的牙齿，上下颌的左右各有2枚。由于犬齿十分尖锐，因争抢乳头发生争斗时极易咬伤母猪的乳头或同伴，故应将其剪掉。剪齿时，只剪犬齿的上1/3。注意，不要剪至牙齿的髓质部，以防感染。对发育不好的弱小仔猪，可以保留牙齿，这样有利于其进行乳头竞争，更有利于它们的生存。

（4）断尾：不留作种的仔猪生后及时断尾，可将其尾断掉1/2或1/3。断尾的方法很多，常用的有钝性断法和烙断法。

（5）打耳号：留作种的仔猪出生后及时打上耳号，通常以打耳缺和耳孔进行标志。

（6）及时吃初乳：产仔完毕后，应让所有仔猪及早吃上初乳，一般不要超过1小时，这样仔猪可获得均衡的营养与免疫抗体。母猪产仔时间长时，应让仔猪分批吃乳。为了提高仔猪成活率，应使每头仔猪都能吃好吃足初乳。可让弱小的仔猪优先吃初乳，也可将已吃到初乳的强壮仔猪进行标志并关入保温箱，让弱小的仔猪在无竞争状态下，吃上2~3次初乳。

4.难产处理：母猪破羊水半小时仍产不出仔猪，即可能为难产。难产在生产中较为常见，多由母猪骨盆发育不全、产道狭窄（早配初产多见）、死胎多、分娩时间拖长、子宫迟缓（老龄、过肥、过瘦母猪多见）、胎位异常、胎儿过大等原因所致。如不及时处置，可能造成母仔双亡。

难产也可能发生于分娩过程的中间，即顺产几头仔猪后，却长时间不再产出仔猪。如果母猪长时间剧烈阵痛，反复努责不见产仔，呼吸迫促，心跳加快，皮肤发绀，即应立即实行人工助产。对老龄体弱、娩力不足的母猪，可肌内注射催产素10～20国际单位，促进子宫收缩，必要时同时注射强心剂。如注药后半小时仍不能产出仔猪，即应手术掏出。具体操作方法是：术者剪短、磨光指甲，手和手臂先用肥皂水洗净，2%来苏儿（或0.1%高锰酸钾水溶液）消毒，再用75%的酒精消毒，然后涂以清洁的灭菌润滑剂（凡士林、石蜡或植物油）；将母猪阴部也清洗消毒；趁母猪努责间歇时将手指尖合拢呈圆锥状，手臂慢慢伸入产道，抓住胎儿适当部位（下颌、腿）再随母猪努责，慢慢将仔猪拉出。对破水时间过长，产道干燥、狭窄，胎儿过大引起的难产，可先向母猪产道内注入加温的生理盐水、肥皂水或其他润滑剂，然后按上述方法将胎儿拉出。对胎位异常的，矫正胎位后可能自然产出。

在整个助产过程中，要尽量避免产道损失和感染。助产后必须给母猪注射抗生素药物，防止生殖道感染发病。产后母猪若出现不吃或脱水症状，应经耳静脉滴注5%葡萄糖或生理盐水500～1000毫升，维生素C 0.2～0.5克。

5.母猪产后护理

分娩后1周内母、仔猪的健康状况，对仔猪育成率和断奶体重关系极大。母猪产后8～10小时原则上可不喂料，只喂给豆饼、麸皮汤或调得很稀的汤料。产后2～3天不应喂给过多，饲粮要营养丰富，容易消化，并视母猪膘情、体力、泌乳及消化情况逐渐加料。在产后5～7天逐渐达到标准喂量或不限量饲喂。母猪产后体力虚弱，过早加料可能引起消化不良，乳质变化，仔猪拉稀，但须灵活掌握，如果母猪产后体力较强，消化较好，哺乳仔猪头数较多，则可提前加料或自由采食以促进泌乳。

有的母猪因妊娠期营养不良，产后无奶或奶量不足，可喂给小米粥、豆浆、胎衣汤和小鱼虾汤等催奶。对膘情好而奶量不足的猪，除喂催乳饲料外，可同时采用药物催乳。为促进母猪消化，改良乳质，预防仔猪下痢，母猪除每天喂给25克小苏打，分2~3次溶于饮水中投给外，对粪便干硬有便秘趋向的母猪，要多喂水，并适当喂些人工盐。

产房要经常保持温暖、干燥、空气新鲜。产栏保持卫生。产房小气候条件恶劣、产栏不卫生可能造成母猪产后感染，表现为恶露多、发烧、拒食、无乳。如不及时治疗，仔猪常于数日内全窝饿死。遇有这种情况，要抓紧治疗，给母猪注射青霉素、链霉素及用专门的子宫冲洗液对子宫进行冲洗。

第五节　种公猪生产技术

根据不同的季节为种公猪制定一套饲喂、运动、洗刷、配种等日常管理制度，使它养成良好生活规律，有利于种公猪的健康和充分发挥生产性能，提高经济效益。

一、养好种公猪的重要性

饲养好公猪的目的就是用来配种，以获得数量多、质量好的仔猪。在一个猪场种公猪的数量所占比例很小，但作用却很大。俗话说："母猪好，好一窝、公猪好、好一坡"。因此，种公猪必须合理利用，应经常保持营养、运动和配种利用三者之间的平衡；如果三者失去平衡，公猪就会过肥，从而降低性欲，配种能力不强，如果营养不良且利用过度，公猪就会消瘦，性欲和精液品质严重下降，最后甚至丧失性欲和配种能力。

二、种公猪的正确饲养

为了正确使用公猪，使其保持良好的种用体况，健康结实，精力充沛，性欲旺盛，能产生大量品质优良的精液。在正确的饲养管理条件下，成年公猪一次射精量平均为250毫升，高的可达900毫升。交配时间，一般约5～10分钟，长的可达20分钟以上，消耗体力较大。应满足营养需要，首先满足供应足够的能量饲料，蛋白质需要占日粮的17%左右。根据个体大小每天可喂3～4公斤公猪料。

三、种公猪的科学管理

随着猪人工授精技术的推广，种公猪在生产中的作用也越来越重要。做好种公猪的调教，使其养成良好的采精习惯，对充分发挥优质种公猪的生产性能、延长使用年限、提高优质品种覆盖率都具有非常大的意义。

1.调教公猪应注意的事项

调教种公猪的采精员的采精技术一定要熟练，调教种公猪时一定要有足够的耐心，要防止公猪逃跑，不要打骂公猪，使种公猪对采精失去信心。采精员要谨慎接近公猪，待公猪爬上假母猪后从后面靠近公猪，并轻轻按摩其包皮，有的公猪脾气暴躁，有时会袭击调教人员，尤其是调教成年公猪，应确保操作人员的安全。调教时间要固定，采精成功后应在第二天和第三天同一时间再次采精，主要目的是巩固记忆，使公猪形成牢固的条件反射。必要时采精员要亲自饲喂和管理待调教公猪，建立人畜亲和关系。应使种公猪在进入采精区后，尽快自行爬跨假台猪，避免种公猪形成玩耍等恶癖。

2.调教的年龄

不同品种的公猪的性成熟时间不同，调教的最佳时机也不同。后备公猪的调教必须达到体成熟时进行，一般在7～8月龄，体重达到90～120公斤时开始调教。不要早于220日龄和晚于245日龄开始调教，因太早或过晚调教成功率会降低。成年公猪只要体质健康，体况良好任何时候都可以进行人工采精调教。正常情况下有6%～7%的公猪调教不成功。如果公猪身体状况不好，性欲会受影响不宜调教，待其恢复正常体况再进行调教。夏季应选择每天清晨天气凉爽时进行调教训练。

3.调教公猪的方法

对于青年公猪，应先让其试情并观摩其他公猪采精，使其了解爬跨的动作。引导公猪将注意力集中于假母猪上，如果3～5分钟不爬母猪，即将其赶回猪圈。一定要养成快速、正确爬母猪的习惯，尽量减少玩耍的时间。为了尽快调教成功，可将发情母猪尿或分泌物涂在假母猪的后部，引诱公猪尽快爬跨假母猪。对于确实不爬跨的公猪可先让其与发情的性情温顺的青年母猪交配几次，再进行调教。每天驯化时间不要太长，15～20分钟即可。一些公猪在开始采精时非常敏感，一定要注意手法。如果第1次采精成功，可以奖励性的添加一把精料或蔬菜，而且要连续3～5天在同一时间进行采精，巩固其记忆，从而形成良好的习惯。对于种公猪的调教，要根据个体猪的情况进行调整，“因猪施教”，达到科学、迅速采精的目的，使种公猪的生产性能达到最大程度的发挥。

种公猪的日粮体积小，精料用量比其他类别的猪要多。适量搭配青绿饲料，以免形成草腹而影响配种能力。还应做好以下几项工作：

（1）运动：增强公猪的体质，提高配种能力，保证精液品质良好。

（2）保持猪体清洁：每天用硬毛刷子刷拭毛皮，除了可防止皮肤病，体外寄生虫外，还可促进新陈代谢。

（3）定期检查精液品质：种公猪无论是本交还是人工授精，都要定期检查精液品质，特别是在配种前和配种期，最好每10天检查一次精液品质，以便调整营养运动及配种强度。

（4）合理利用公猪：国外引进品种8月龄以上开始配种。初配公猪每周用3～4次为宜，成年公猪每天1次，连续配种每周休息1天，人工采精的公猪一周可采2～3次。喂前喂后1小时内不应配种、采精，配种、采精后严禁立即饮冷水或洗澡。

（5）防暑防寒：种公猪最适宜的温度15～20℃，夏季应注意防暑降温，舍温30℃以上精子活力下降，死精，畸形精子等对生产不利。出畸形仔、死胎、弱仔等。冬季舍内要防寒，减少对饲料消耗和疾病的发生。

（6）解决公猪无性欲：公猪过肥过瘦都会造成无性欲。公猪过肥是因为营养水平过高或配种过晚或配种次数减少造成的。解决方法是，过肥时，要减料降膘，加强运动，适当增加青绿多汁饲料。过瘦时，要增加营养，如加植物蛋白和动物性蛋白饲料。不能饲喂肥育猪的添加剂、预混料、浓缩料和全价饲料等。

（7）任何时候都应温柔、友善地对待公猪，与其建立友好亲密关系。

一个猪场的生产水平，主要看公猪的水平，一头好的种公猪表现特征是不肥，不瘦，四肢健壮，肌肉发达，肚子不大，精力充沛。

第六节　种猪的选留与淘汰

种猪是繁殖的基础，种猪的质量直接影响整个猪群的生产水平，所以，种猪的选择必须符合生产目标，只有将种猪选好才能生产出优良的后代，因此，种猪的选留是养猪生产中关键的第一步。

一、后备种猪的选留原则

1.后备种猪健康状况良好：应选留生长发育良好、精神活泼、健康无病并来自无任何遗传疾患家系的小猪作后备种猪。选留前应通过系谱记录审查确定其祖先及同胞亦无遗传疾患（如阴囊疝、脐疝、隐睾、单睾、锁肛、雌雄同体、先天性震颤、瞎乳头等）。凡出现遗传缺陷的仔猪，整窝一律不作为后备种猪选留。

2.体型外貌符合品种特征：选留的后备种猪的毛色、耳型、头型、体型、四肢等均要符合品种特征。后备母猪要有足够的有效乳头（大白、长白应在7对以上，杜洛克应在6对以上）且排列整齐，无瞎乳头和副乳头。后备公猪要求睾丸发育良好，轮廓明显，有弹性，左右大小一致并对称，乳头数不少于品种规定的最少数，并且排列整齐均匀，发育正常。

3.选留繁殖性能高的后备种猪：选留的后备种猪，将进行配种繁殖，因此，尤其要重视繁殖性能的选择。后备母猪应选自产仔数多、哺育率高、断乳体重大的高产母猪的后代。同时应具有良好的外生殖器官，要求阴户发育良好，配种前有正常的发情周期，而且发情症状明显。后备公猪也要考虑繁殖性能，从高产母猪后代中选留。

4.选留生长发育快的后备种猪：后备种猪的生长发育性状或者全同胞的肥育性状都是挑选后备种猪的依据，应选择本身和同胞生长速度快、饲料利用率高的个体留种。在后备种猪限饲前（如2月龄、4月龄）选择时，既利用本身成绩，也利用同胞成绩；限饲后主要利用用于肥育测定的同胞的成绩，包括生长速度和饲料利用率两方面。

5.种质测定成绩好：

（1）胴体性状的选择：后备种猪体重达100公斤时，用仪器测量出其背膘厚度和眼肌面积，它们反映了被测个体的背脂和瘦肉的生长发育情况。胴体品质和肉质好坏通过屠宰其同胞来获得，后备种猪应选自那些胴体品质和肉质良好的家系。

（2）氟烷基因检测：氟烷基因与猪应激现象和肉质存在相关性，其检测需要的时间较长，宜在后备种猪培育前期采样检测，依检测结果选留。

如果是从其他种猪场购买后备种猪的话，由于获得的信息往往有限，因此在现场挑选的时候应主要关注：一是被选群体的整体健康水平和个体的健康状况；二是体质外貌好，符合品种特征，四肢强健；三是有足够的有效乳头且排列整齐，阴户发育较好。

6.后备种猪的选留时间：

（1）2月龄选留：2月龄选种是窝选，就是在父母亲都是优良个体的条件下，从产仔猪头数多、哺育率高、断奶和育成窝重大而均匀、同窝仔猪无遗传疾患的窝中选留发育良好的公母仔猪。2月龄选择时由于猪的体重小，容易发生选择错误，所以选留数目较多，一般为需要量的2～3倍。

（2）4月龄选留：主要是淘汰那些生长发育不良、体质差、体型外貌有缺陷的个体。这一阶段淘汰的比例较小。

（3）6月龄选留：后备种猪达6月龄时各组织器官已经有了相当发育，优缺点更加突出明显，这时应根据后备种猪自身的生长发育状况，以及同胞的生长和发育、胴体性状的测定成绩进行选择，淘汰那些本身发育差、体型外貌差以及同胞测定成绩普遍较差的不良个体，应该比实际需要多留种25%～30%。

（4）留种前选留：后备种母猪在初配前进行最后一次选留，主要淘汰那些性器官发育不理想、发情周期不规律、发情症状不明显以及其他各种原因造成的屡配不孕的后备种母猪。

如果是从场外购买后备种母猪的话，宜在个体4～5月龄、体重70公斤左右时选购。一方面，此时后备种猪体型发育基本定型，有利于进行体型外貌选择和生长发育及健康状况评定；另一方面，在首配前有足够的时间进行隔离观察、风土驯化、药物预防及免疫接种等工作。

二、母猪淘汰原则

随着集约化养猪生产的发展和管理手段的提高，生产者为了追求猪群生产的高效率，对母猪质量（品种、生产性能、健康状况）的要求越来越高。同时，母猪在严格的生产计划控制下，进行满负荷的生产运转，使得基础猪群自然淘汰和异常淘汰的比例有所增加，而且自然淘汰的比率相对减小，异常淘汰的比率相对增加。过高的母猪淘汰率将会给正常的生产带来压力，增加种猪群和后备猪群的生产成本，同时对整个猪群生产的稳定性也会产生不良影响。实践中管理者应根据猪群的情况，掌握种母猪的淘汰原则，尽量减少和避免种猪异常淘汰带来的损失。种母猪的淘汰分为自然淘汰和异常淘汰两种。

1.自然淘汰：母猪群保持适当的年龄和胎次结构，才能发挥猪群的最大生产性能，实现猪场的最优化管理。在一个组成较好的母猪群中，通常2胎以下（包括后备猪）母猪所占比例为30%左右，2～6胎的母猪所占比例为45%～55%，6胎以上的母猪所占的比例小于20%，8胎以上的母猪比例小于5%。生产中母猪的自然淘汰是保持猪群良好生产性能和遗传改良计划必不可少的部分，自然淘汰包括衰老淘汰和计划淘汰。

（1）衰老淘汰：到了一定的使用年限（7～8年），难以维持正常生产性能的母猪，应予以淘汰。

（2）计划淘汰：由于生产计划的变更、引种、换种、疫病等因素，对原有生产性能较低或患有疾病的母猪群进行淘汰或处理。

2.异常淘汰：出现异常情况不得不进行淘汰即为异常淘汰。生产中引起母猪异常淘汰的原因很多，主要包括繁殖功能障碍、遗传缺陷、产科病、营养性疾病、肢蹄病等因素。

（1）母猪不发情：有些后备母猪已达到配种日龄和体重，但没有表现出性周期。其原因主要有三个方面：①后备母猪生殖器官先天发育不良或畸形。②脑垂体前叶分泌的促卵胞素和促黄体素较少，使卵胞不能正常发育和成熟，导致母猪乏情。此类母猪可以用公猪试情的方式，促进其发情排卵，也可用激素诱导发情。③后备母猪饲养过肥，可导致卵巢内脂肪浸润、卵胞上皮脂肪变性、卵胞萎缩，引起后备母猪不发情、不受孕。这类母猪应减少精饲料喂给量、加强运动，便可促使其发情。对于后备母猪群中3%～5%经处理后确实不能正常发情的个体，应予以淘汰。

有些母猪断奶后20天仍没有发情症状或发情不明显，其主要原因可能是：①卵巢功能减弱，可用雌激素帮助恢复卵巢功能，使母猪正常发情；②子宫内可能存在异物（瘀血、胎衣、感染等）导致子宫炎症而不能正常发情，通过冲洗和消炎可使母猪正常发情；③个别母猪在哺乳期内形成持久黄体而导致“假孕”，断乳后无任何发情症状，可用前列腺激素处理，促使母猪排出异物，消除黄体，使子宫受激素的刺激而引起发情；④由于饲养管理不当，导致母猪过肥、过瘦，使母猪不能按时恢复生殖的，这种情况应通过调整日粮结构，加强运动，使母猪恢复良好体况，便可正常发情配种。如果采取各种措施不能使其发情，则淘汰。

（2）隐性发情：有些母猪由于发情症状不明显，无爬跨行为，阴户红肿不明显，黏液较少，外观几乎看不出发情，但母猪却正处在发情期，如果不进行查情和试情，极有可能导致漏配，对这类母猪要淘汰。

（3）屡配不孕：母猪经过多次配种，每次配种后间隔18～25天重新发情，其主要原因有：母猪生殖器官发炎，不能正常发情，可用青霉素、链霉素进行消炎和冲洗子宫；对卵巢囊肿的母猪，虽有发情，但不排卵，此时可肌内注射黄体酮进行治疗，待下次发情就有可能配准；有些母猪由于感染了日本乙型脑炎病毒或猪细小病毒等，导致胚胎早期死亡和流产，或饲料缺乏维生素A和维生素E引起胚胎被母体吸收，导致母猪重新发情或长期乏情。此类母猪如采取各种措施后，仍不能正常受孕，则应淘汰。

（4）异常分娩和死胎：母猪感染伪狂犬病病毒、日本乙型脑炎病毒、猪细小病毒、流感病毒等会引起流产、死胎，产前由于环境突变、管理条件恶劣、饲料中毒等原因也会引起流产、早产和死胎。这种异常分娩的情况在一些猪场中时有发生。预防的方法是改善饲养环境，加强管理，进行相应的免疫接种。妊娠母猪后期要单圈或小群饲养，防止相互间的咬斗，并注意保证饲料的营养和品质。

（5）超期不产：有些母猪配种后，没有返情现象，也无妊娠迹象，甚至超过预产期也不分娩，其原因是母猪感染了病毒或缺乏维生素A、维生素E等，造成流产或死胎。木乃伊化的胚胎可造成持久黄体，使母体无法识别妊娠而处于“假孕”状态，遇到这种情况，应及早确诊和处理，对假孕母猪要首先去除黄体，并结合使用催情药物，使母猪进入正常的繁殖状态，几次处理仍不能正常发情配种的个体应及早淘汰。

（6）低产母猪：有些处于生产高峰期的母猪，连续2～3胎产仔数较少，主要原因是本身性器官发育不全、卵巢功能较差、排卵数少，也可能因为妊娠前期饲养、营养、管理不当引起胚胎早期死亡。如果能够排除管理方面的因素而确认是母猪本身的原因，这种母猪应予以淘汰。

（7）泌乳力差：有些母猪虽然产仔性能较好，但表现泌乳力差，不能正常哺育所产仔猪。主要原因有：母猪泌乳系统发育不全、泌乳能力不够，如果连续2～3胎都表现出泌乳力差，这种母猪就应淘汰。母猪妊娠期体况过瘦或过肥，造成泌乳量少或乳质差，这种情况可以通过调整饲料结构和采食量进行解决；经产母猪在上次断乳时，没有做好乳头的消毒和密封，使细菌或病原体侵入乳腺，形成乳房（腺）炎而丧失泌乳能力。这种情况可以通过加强饲养管理、逐步断乳、搞好清洁卫生、做好乳房消毒工作来进行预防。

（8）异食癖：极少数母猪母性差，有食仔恶癖，仔猪出生后，不能被很好地哺育，而且仔猪被挤死、压死的概率大大增加。虽然产仔数量不少，但育成率极低，在排除饲料、疾病及管理方面的原因后，这种由母体本身缺陷带来的生产率下降的个体，应予以淘汰。

（9）疾病母猪：在正常的生产管理中，少数青年母猪由于某种因素导致的非传染性个体疾病，或出现四肢无力、后肢损伤、瘫痪及蹄病等现象，久治不愈，身体衰弱，已经失去进行正常生产繁殖的能力，在经过现场兽医和畜牧技术人员的综合评定后，确认已无饲养价值，应予以淘汰。生产中减少疾病繁殖损失的方法是以预防为主，加强日常管理工作，发现疾病，及早治疗，防止恶化。

三、种公猪淘汰原则

1.自然淘汰：自然淘汰通常指对老龄公猪的淘汰，也包括由于生产计划变更、种群结构调整、选育种的需要，而对公猪群中的某些个体（群体）进行针对性的淘汰。自然淘汰包括衰老淘汰和计划淘汰两种。

（1）衰老淘汰：生产中使用的公猪，由于已经达到了相应的年龄或使用年限较长（3～4年），年老体衰，配种功能衰弱、生产性能低下，应予以淘汰。

（2）计划淘汰：为了适应生产需要和种群结构的调整，对在群公猪进行数量调整、品种更新、品系选留、净化疫病等时对原有公猪群进行有计划、有目的地选留和淘汰。

2.异常淘汰：异常淘汰是指由于生产中饲养管理不当、使用不合理、疾病发生或公猪本身存在未能预见的先天性生理缺陷等诸多因素造成的青壮年公猪在未被充分利用的情况下而被淘汰。公猪异常淘汰的原因一般包括以下6种情况。

（1）体况不良：由于日粮营养水平过高或后备公猪前期限饲不当，可能造成公猪过肥、体重过大、爬跨笨拙，造成配种困难或不能正常配种，此时应对公猪进行限制饲养和加强运动，降低膘情。若不能取得预期效果，应及时淘汰。

而由于前期日粮营养水平过低、限饲过度或疾病原因，造成公猪参加配种时体况过瘦、体质较差，爬跨困难或不能完成整个配种过程，导致配种操作不利和配种效果较差，此时应对公猪加强营养、减少配种频率或针对性治疗疾病，使其恢复理想配种体况。通过以上操作仍难以恢复的个体，应及时淘汰。

（2）精液品质差：已入群的后备公猪或正在使用的种公猪连续几次检查精液品质，如果死精率、畸形率过高，后裔同胞个体数较少，且通过调整营养、加强管理和治疗后仍不能得到改善的个体，应及时淘汰。

（3）性欲差：由于公猪过度使用或饲料中缺乏维生素A、维生素E、矿物质等，引起性腺退化、性欲迟钝、厌配或拒配，这种公猪应加强饲养管理，防止过度使用，并加强饲料中维生素和矿物质的营养，注意适当运动，一般可以调整过来。但对于不能恢复的个体，应及时淘汰。

（4）繁殖疾病：某些疾病如睾丸炎、附睾炎、肾炎、膀胱炎、布氏杆菌病、乙型脑炎等引起的公猪性机能衰退或丧失，以及由于其他疾病造成的公猪体质较差，繁殖功能下降或丧失。不能治愈的繁殖疾病和患有繁殖传染病的公猪，应立即淘汰。

（5）肢蹄病：公猪由于运动、配种或其他原因（如裂蹄、关节炎等），可能造成肢蹄的损伤，尤其是后肢，损伤后没有得到及时治疗，造成公猪不能爬跨或爬跨时不能支持本身重量、站立不定而失去配种能力的，这种公猪应及时进行治疗，在不能治愈或确认无治疗价值时应予以淘汰。

（6）恶癖：个别公猪由于调教和训练不当，可能会在使用过程中形成恶癖，如自淫、咬斗母猪、攻击操作人员等。这种公猪在使用正确手段不能改正其恶癖时，应及早淘汰，以免引起危害。

第五章　猪的营养与饲料

饲料是发展养猪生产的物质基础。根据猪的营养需要备足饲料和保证饲料质量，是猪场养好猪的关键。饲料成本占养猪生产成本的70%左右，科学降低饲料成本是养殖盈利的必由之路。而降低饲料成本必须在保证品质的情况下，以科学的方法来实现。但缺乏营养知识，对饲料和饲料原料的品质缺乏辨别能力，往往在降低价格的同时，降低了质量，反而增加了使用成本。养猪能否盈利，很大程度上取决于饲料解决得如何。

第一节　猪的营养需要

猪的营养需要是指保证猪体健康和充分发挥其生产性能所需要的饲料营养物质数量，可分为维持需要和生产需要。

一、维持需要

猪仔处于不进行生产，健康状况正常，体重、体质不变时的休闲状况下，用于维持体温，支持状态，维持呼吸、循环与酶系统的正常活动的营养需要，称为维持需要或维持营养需要。

二、生产需要

猪消化吸收的营养物质，除去用于维持需要，其余部分则用于生产需要。猪的生产需要分为妊娠、泌乳、生长需要几种。

1.妊娠需要

妊娠母猪的营养需要，系根据母猪妊娠期间的生理变化特点，即妊娠母猪子宫及其内容物增长、胎儿的生长发育和母猪本身营养物质能量的沉积等来确定。其所需要营养物质除维持本身需要外，还要满足胚胎生长发育和子宫、乳腺增长的需要。母猪在妊娠期对饲料营养物质的利用率明显高于空怀期，在低营养水平下尤为显著。据实验：妊娠母猪对能量和蛋白质的利用率，在高营养水平下，比空怀母猪分别提高9.2%和6.4%，而在低营养水平下则分别提高18.1%和12.9%。但是怀孕期间的营养水平过高或过低，都对母猪繁殖性能有影响，特别是过高的能量水平，对繁殖有害无益。

2.泌乳需要

泌乳是所有哺乳动物特有的机能、共同的生物学特性。母猪在泌乳期间需要把很大一部分营养物质用于乳汁的合成，确定这部分营养物质需要量的基本依据是泌乳量和乳的营养成分。母猪的泌乳量在整个泌乳周期不是恒定不变的，而是明显地呈抛物线状变化的。即分娩后泌乳量逐渐升高，泌乳的第18～25天是泌乳高峰期，到28天以后泌乳量逐渐下降。即使此时共给高营养水平饲料，泌乳量仍急剧下降。猪乳汁营养成分也随着泌乳阶段而变化，初乳各种营养成分显著高于常乳。常乳中脂肪、蛋白质和水分含量随泌乳阶段呈增高趋势，但乳糖则呈下降趋势。

另外，母猪泌乳期间，起泌乳量和乳汁营养成分的变化与仔猪生长发育规律也是相一致的。例如，在3周龄前，仔猪完全以母乳为生，母猪泌乳量随仔猪增大、吃奶量增加而增加；4周龄开始，仔猪已从消化乳汁过渡到消化饲料，可从饲料中获取部分营养来源，于是母猪产乳量亦开始下降。母猪泌乳变化和仔猪生长发育规律是合理提供泌乳母猪营养的依据。

3.种公猪的营养需要

饲养种公猪的基本要求是保证种公猪有健康的体格、旺盛的性欲和良好的配种能力，精液的品质好，精子密度大、活力强、能保证母猪受孕。确定种公猪的营养需要的依据，主要是钟公猪的体况、配种任务和精液的数量与质量。能量不能过高或过低，以保持公猪有不过肥或过瘦的种用体况为宜。营养水平过高，会使公猪肥胖，引起性欲减退和配种效果差的后果；营养水平过低，特别是长期缺乏蛋白质、维生素和矿物质，会使公猪变瘦，每公斤饲料的消化能不得低于12.5 ~ 13.5兆焦，蛋白质应占日粮的18%以上，并且注意适当地补充生物性蛋白质，如鱼粉、蚕蛹、肉骨粉或鸡蛋等。非配种季节，饲粮种蛋白质水平不能低于13%，每公斤饲粮的消化维持在13兆焦左右。

4.生长需要

生长猪是指断奶到体成熟阶段的猪。从猪生产和经济角度来看，生长猪的营养供给在于充分发挥其生长优势，为产肉及以后的繁殖奠定基础。因此，要根据生长猪生长、肥育的规律，充分利用生长猪早期增重快的特点，供给营养价值完善的日粮。

三、猪对营养物质的具体需要

猪在不同的生理状况下，所需要的营养物质及能量的数量不同。营养过多不仅浪费饲料，还会给猪身体带来不良影响；过少会影响猪生产性能的发挥，还会影响其健康。

1.能量需要

猪体内各种生理活动都需要能量，如果缺乏能量，将使猪生长缓慢，体组织受损，生产性能降低。猪所需能量来自饲料中的三种有机物质，即碳水化合物、脂肪和蛋白质。其中，碳水化合物是能量的主要来源，富含碳水化合物的饲料如玉米、大麦、高粱等，都含有较高的能量。一般情况下，猪能自动调节采食量以满足其对能量的需要。但是，猪的这种自动调节能力也是有限度的，当日粮能量水平过低时，虽然它能增加采食量，但因消化道的容量有一定的限度而不能满足其对能量的需要；若日粮能量过高，谷物饲料比例过高，则会出现大量易消化的碳水化合物，引起消化紊乱，甚至发生消化道疾病。同时，日粮中能量水平偏高，猪会因脂肪沉积过多而造成肥胖，降低瘦肉率，影响公、母猪的繁殖机能。

2.蛋白质需要

蛋白质是生命的基础。猪的一切组织器官如肌肉、神经、血液、被毛甚至骨骼，都以蛋白质为主要组成成分，蛋白质还是某些激素和全部酶的主要组成成分，蛋白质还是某些激素和全部酶的主要成分。猪生产过程中和体组织修补与更新需要的蛋白质全部来自饲料。蛋白质缺乏时，猪体重下降，生长受阻，母猪发情异常，不易受胎，胎儿发育不良，还会产生弱胎、死胎、公猪精液品质下降等现象；但蛋白质过量，不仅浪费饲料，还会引起猪消化机能紊乱，甚至中毒。

在猪饲料蛋白质供给上应注意必需氨基酸和蛋氨酸等限制性

氨基酸的供给量。饲粮中必需氨基酸不足时，可通过添加人工合成的氨基酸，使氨基酸平衡，提高日粮的营养价值。

3.脂肪需要

脂肪是猪能量的重要来源。尤其是脂肪酸中的十八碳二烯酸（亚麻油酸）、十八碳三烯酸（次亚麻油酸）和二十碳四烯酸（花生油酸）对猪（特别是幼猪）具有重要的作用。因其不能在猪体内合成，必须由饲料脂肪供给，故又称之为必需脂肪酸。缺乏时会发生生长发育不良现象。此外，饲料中的脂溶性维生素（维生素A、维生素D、维生素E、维生素K）必须溶于脂肪中，才能被猪体吸收和利用。一般认为，猪日粮中应含有2%～5%的脂肪，这不仅有利于提高适口性，利于脂溶性维生素的吸收，还有助于增加皮毛的光泽。

4.碳水化合物需要

猪饲料中最重要的碳水化合物是无氮浸出物和粗纤维。无氮浸出物主要由淀粉构成。

（1）淀粉需要。淀粉主要存在于谷物籽实和根、块茎，如马铃薯等中，很容易被消化。淀粉被食入后，在各种酶的作用下，最后转化成葡萄糖而被机体吸收利用。

（2）粗纤维需要。猪对粗纤维的消化能力比其他草食家畜要低些，但粗纤维对猪消化过程具有重要意义。粗纤维在保持消化力的稠度、形成硬粪以及在消化运转过程中起着一种物理作用。同时粗纤维也是能量的部分来源。粗纤维供给量过少，可使肠蠕动减缓，食物通过消化道的时间延长，低纤维日粮可引起消化紊乱，采食量下降，产生消化道疾病，死亡率升高；日粮中粗纤维含量过高，使肠蠕动过速，营养浓度下降，则仅能维持猪较低的生产性能。研究结果表明，仔猪和生长育肥猪日粮中粗纤维含量不宜超过4%，母猪可适当增加，但也不要超过7%。

5.无机盐需要

无机盐是猪体组织的主要成分之一，约占成年体重的5.6%。无机盐的主要功能是形成体组织和细胞，特别是骨骼的主要成分；调节血液和淋巴液渗透压，保证细胞营养；维持血液酸碱平衡，活化酶和激素等，是保证幼猪生长、维持成年猪健康和提高生产性能所不可缺少的营养物质。

猪所需要的无机盐，按其含量可分为常量元素（占体重0.01%以上）和微量元素（占体重0.01%以下）两种。猪需要的常量元素主要由钙、磷、钠、氯、钾、镁、硫等；微量元素主要有铁、铜、锌、钴、锰、碘、硒等。

猪体内无机盐的主要来源是饲料。据测定，豆科牧草中含有丰富的钙，谷物籽实中含有足量的磷。所以，在正常饲养条件下，均可满足钙、磷的需要量。由于植物性饲料中的钠、氯含量很低。因此必须补充食盐。据测定，猪的常用饲料中富含钾、镁、硫、铁、铜、锌、钴等元素，所以，一般情况下不会发生缺乏症。

6.维生素需要

维生素是一类低分子有机化合物，它既不能提供能量，也不是动物体的构成原料。饲料中含量甚微，动物需要量极少，但生理功能却很大。维生素的主要功能是调节动物体内各种生理机能的正常进行，参与体内各种物质的代谢。维生素缺乏时，会导致新陈代谢紊乱，生长发育受阻，生产性能下降，甚至发病死亡。猪所需要的维生素，根据其溶解性质分为两大类。一类是溶于脂肪才能被机体吸收的称脂溶性维生素，包括维生素A，维生素D、维生素E、维生素K等，在猪日粮中均需从饲料中获得；另一类是溶于水中才能被机体吸收的称水溶性维生素，即B族维生素和维生素C。常用的有10种，它包括：维生素B_1（硫胺素）、维生素B_2（核黄素）、泛酸（维生素B）、维生素B_4（胆碱）、维生素B_5（烟酸）、维生素B_6、叶酸（维生素B_{11}）、维生素B_{12}、生物素（维生素H）和维生素C（抗坏血酸）。

7.水需要

水是猪体内各器官、组织和产品的重要组成成分，猪体的3/4是水，初生仔猪的机体水含量最高，可达90%，体内营养物质的输送、消化、吸收、转化、合成及粪便的排出，都需要水分；水还有调节体温的作用，也是治疗疾病与发挥药效的调节剂。实验证明，缺水将会导致消化紊乱，食欲减退，被毛枯燥，公猪性欲减退，精液品质下降，严重时可造成死亡。长期饥饿的猪，若体重损失40%，仍能生存；但若失水10%，则代谢过程即遭破坏；失水20%，即可引起死亡。

正常情况下，哺乳仔猪每公斤体重每天需水量为：第1周200克，第2周150克，第3周120克，第4周110克，第5~8周100克。生长育肥猪在用自动饲槽不限量采食、自动饮水器自由饮水条件下，10～22周龄期间，水料比平均为2.56：1，非妊娠青年母猪每天饮水约11.5公斤，妊娠母猪增加到20公斤，哺乳母猪多于20公斤。

许多因素影响猪对水的需要量。如气温、饲粮类型、饲养水平、水的质量、猪的大小等都是影响需水量的主要因素。所以，养猪必须保证猪只有优质和充足的饮水。

正确的供水方法：料水分开，喂食干料，若用自拌料喂猪，可采用湿拌料，料水比为1：（1～1.5），喂后供给足够的饮水。

第二节　猪的常用饲料

猪的常用饲料种类很多，按营养划分为蛋白质饲料、能量饲料、粗饲料、青绿饲料、青贮饲料、矿物质饲料和饲料添加剂等。

一、蛋白质饲料

包括植物性蛋白质饲料和动物性蛋白质饲料两大类。植物性蛋白质饲料有豆类子实及其加工副产品、谷物加工副产品和油饼等。动物性蛋白质饲料包括血骨粉、鱼粉、蚕蛹等，其特点是蛋白质含量高，是谷物饲料的3～8倍，在粗粮中与能量饲料配合在一起喂猪，使用适当能使公母猪正常繁殖，促进仔猪生长和肥育增重。

1.豆类子实。如大豆、蚕豆、小豆等。粗蛋白质含量丰富，约占20%～40%，淀粉、糖类含量比谷实类低，维生素、矿物质含量与禾本科谷物接近。豆类子实的蛋白质品质最佳，赖氨酸含量高达1.8%～3.06%；但蛋氨酸之类含硫氨基酸的含量偏少，难以满足育肥猪后期的需要。豆类子实中含有抗胰蛋白酶，导致甲状腺肿大的皂素、血凝集素等不良稗，影响适口性、消化性，以及猪的一些生理过程。所以，在喂饲豆类子实前，须经过110℃至少3分钟的加热处理。

2.饼粕类。也叫油饼类，是油料作物的籽实提取油分后的副产品，包括大豆饼、菜籽饼、芝麻饼和亚麻仁饼等。饼粕类有两种生产方法，压榨法产品称为饼，溶剂浸提法的产品则通称为粕。前者不经高温高压，除了油脂较原料减少外，其他营养成分变化不大；后者常导致变性，特别是赖氨酸等受损害最重。但是高温高压也能破坏棉籽、亚麻籽中的有毒物质。豆饼含粗蛋白质40%以上品质很高，赖氨酸含量较多，除蛋氨酸含量较低外，各种氨基酸极为平衡，是油饼类中质量很好的蛋白质饲料。菜籽饼含有毒物质，往往使猪中毒，不要多喂，在饲料中占8%即可。棉籽饼蛋白质含量多，品质也很好，但适口性较差，蒸煮去毒，喂量不要超过饲料的10%，如未经脱毒处理，不要超过3%。

3.糟渣类。酿造、制粉和制粮的副产品，包括醋糟、酒糟、粉渣、豆腐渣、酱渣等。酒糟干物质粗蛋白含量为22%～31%，尤以大麦酒糟为高，最低的是啤酒糟。刚出厂的酒糟含水量达64%～76%，占猪日粮的比重不宜过大，否则难以满足营养需要。喂猪时要做到三忌。一忌单喂，二忌量大，三忌变质。

4.动物性蛋白质饲料。有鱼粉、血粉、骨肉粉等含能量和矿物质较高，猪必需的氨基酸含量也较完全，粗蛋白质含量达55%～84%，赖氨酸尤其丰富。但蛋氨酸略少，血粉还缺乏异亮氨酸。在育肥后期不宜多喂动物性蛋白质饲料，以免影响屠宰品质。

二、能量饲料

谷实类能量饲料包括玉米、稻谷、大麦、谷子、高粱、荞麦、稗子等。含淀粉70%以上，粗蛋白质10%左右，粗脂肪、粗灰分各占3%，水分约占14%。粗纤维少，适口性好，消化率高。粗蛋白质含量偏少，猪体必需的氨基酸含量甚微，矿物质贫乏，维生素种类及含量也大都较少。糠麸类能量饲料包括麦糠、高粱糠、稗糠等。其粗蛋白质含量高于谷实类，一般为10%～16%，粗纤维多，无氮浸出物少于谷实，钙少，磷的含量超过猪体需要量1倍以上，但以植酸磷为主，不能被猪充分利用；维生素E丰富，B族维生素也多于谷实，合理使用有助于饲粮营养平衡。玉米含淀粉多，粗纤维仅2%～2.5%，适口性好；但粗蛋白质、矿物质和维生素含量均不能满足猪体需要，必须与其他饲料搭配。玉米在日粮中所占比例不宜超过50%。在育肥后期用红薯干、麦类、豌豆取代一部分玉米，可获得高品质的肉脂。稻谷含粗蛋白质8%，无氮浸出物63%，但粗纤维多有坚硬外壳，喂饲前须粉碎。其饲用价值相当于玉米的80%～90%。大麦有硬壳，喂用前须粉碎，粗蛋白质含量高于玉米，达10%～12%，脂肪、钙和维生素A、维生素D，尼克酸、维生素B_2含量比玉米高3倍。用大麦喂的猪，屠体脂肪洁白硬实，属上等饲料。在日粮中添加量可达30%。饲用价值相当于玉米的90%。

稻糠又称米糠，含粗蛋白质12%～13%，粗脂肪13%，粗纤维13%，磷1.3%，B族维生素丰富，但钙少。其营养价值与玉米相当，添喂量不宜超过30%，否则会降低肉脂品质，还容易导致猪群发生皮炎。麦麸粗蛋白质含量可达12%～17%，质量高于小麦，含赖氨酸0.67%、蛋氨酸0.11%，维生素B族较丰富。但钙、磷比例不平衡，含能量较低。麦麸适口性好，体积膨大，具有轻泻性且耐贮藏。

三、粗饲料

粗饲料包括各种农作物秕子、藤、青干草、树叶类等，其粗纤维含量多，按饲料干物质计粗纤维≥18%，消化率较低，便可填充猪的肠胃以饱腹，刺激消化功能。

1.青饲料类。青绿饲料包括芭蕉秆、草木樨、各种叶菜牧草等。青饲料是常用的维生素补充饲料。如果猪日粮缺乏青饲料，饲料的消化利用率都较低，猪生长很慢。青饲料含无机盐比较丰富，钙磷钾的比例适当。日粮中有足够的青饲料，猪很少发生因缺乏无机盐而引起疾病。青饲料喂猪时要注意：青饲料无污染的情况下，最好不要洗。因为鲜嫩的青饲料，洗得越净，水溶性维生素损失越多。煮青饲料就更糟了，因高温会使大部分维生素、蛋白质遭到破坏，加热后还会加速亚硝酸盐的形成，猪吃后易中毒。青饲料现采现用，不要堆放。青饲料鲜嫩可口，猪爱吃，如堆放太久，很容易发热变黄，不仅破坏了部分维生素，降低了适口性，而且也会产生亚硝酸盐而引起猪中毒。喂量适度，按干物质计算，占日粮的20%～25%，按鲜量计算，约为75%。

2.树叶类。猪常用的树叶类饲料有松针叶粉、槐叶粉、紫穗槐粉等。

3.青贮饲料类。青贮饲料具有很多优点，如能较好地保存营养物质；可以全部食用，减少浪费；带有酸香甜味，适口性好，猪爱吃；刺激消化液的分泌，增强胃肠蠕动，有利于消化吸收。

青贮的方法：在青饲料丰富季节，青贮一部分来解决淡季青饲料的不足。青饲料收获后晒去30%水分，切成10～13厘米长，在水泥池或土坑中，铺上20厘米左右一层，撒些食盐，按重量3%，用脚踩紧，层层压紧，上盖塑料膜，不得漏气，并用稀泥糊上，半个月就可喂猪。用料时注意从一边取，取后盖好，防止腐烂。

4.块根、块茎、瓜果类。如甘薯、马铃薯、木薯、南瓜、甜菜、西瓜皮、西葫芦等，它们共同特点是水分含量很高，味道好，猪爱吃。缺点是蛋白质含量较低。红薯（甘薯）营养价值较高，以熟喂为好，患有黑斑病的红薯会使猪中毒，不能用作饲料。马铃薯以熟饲为好，没有成熟和发芽的马铃薯含有一种名为龙葵素的有毒物质，采食过多容易引起胃肠炎，这种物质在青绿的皮上、芽眼中含量最多，喂前注意剜去，蒸煮也可以降低其毒性，但蒸煮的剩水不能喂猪。木薯中含有氢氰酸，能使猪中毒，可采取浸泡、煮沸、晒干或干热到70～80℃等方法减毒。

5.青干草类。青干草类是用新鲜的野生牧草或栽培草晒制而成的。品质好的干草颜色青绿，气味芳香，含有丰富的蛋白质、无机盐和胡萝卜素，适口性好，容易消化。干草的营养价值与收割期、调制和贮藏方法有密切关系。豆科牧草自始花到盛花，禾本科牧草由抽穗到开花，为适宜的收割期。青草在晒前把茎压扁，容易干燥，制成的干草颜色鲜绿，味道好。

6.农副产品类。农副产品类指谷壳和秸秆等饲料。猪常用的有谷糠、大豆秸、玉米秸、花生藤、豆荚、玉米芯、向日葵盘等。这些饲料含粗纤维多，粗纤维中木质素含量又较高，难于消化，还会妨碍对其他养分消化，因此消化率较低。大豆秸营养价值较差，需要粉碎后才能喂猪。蚕豆秸比大豆秸的营养价值高。蚕豆将近成熟时，叶子和枝梢仍保持绿色，摘下来晒干粉碎喂猪，可代替一部分精料。豆荚有相当的营养价值，通常粉碎、煮熟或发酵后才喂猪。向日葵盘的营养价值较高，粗碎后可发酵喂猪。玉米芯（或称玉米穗轴），粗纤维含量比玉米秸低，粉碎后发酵喂猪效果较好。用秸秆种过食用菌的下脚料喂猪，此料经过真菌和酶的分解，粗纤维下降70%，粗蛋白和粗脂肪增加1倍多，糖分提高10倍。菇料经晒干粉碎成细糠，加入饲料中喂猪，降低成本，增加效益。秕壳葵花籽喂泌乳母猪，在日粮饲料中加入10%～20%，产奶量可提高15%。养蚕区可利用蚕沙养猪。在猪日粮中加入15%蚕沙，日增重可提高13.3%，成本降低19.4%。猪的食欲旺盛、贪睡，毛色发亮。

7.谷实类和糠麸类。这类饲料含淀粉多，含纤维素少，能量高，容易消化，是猪的主要饲料，但谷实类饲料营养不够全面，含蛋白质少，而且品质较差；磷、钾虽然丰富但含钙很少；B族维生素较多，但要同含胡萝卜素的饲料配合使用。稻谷中含粗蛋白质7%左右，赖氨酸含量较低，必须与饼粕类及动物性饲料搭配使用。砻糠没有什么营养价值，不可喂猪。玉米是一种低纤维、高淀粉、适口性很好的饲料，缺点是蛋白质含量低，品质差，特别是赖氨酸、蛋氨酸含量很少。玉米含脂肪较多，其中不饱和脂肪含量高，玉米粉容易酸败变质，不宜久存。高粱含有丰富的碳水化合物，能量仅次于玉米，且价格便宜，但含有鞣酸，味苦涩，影响营养物质的吸收利用，可以搭配使用。粮麸类是谷实类粮食加工的副产品，营养成分并不比原粮差，但由于纤维素较多，水化率低于原粮。小麦麸粗纤维含量较高，因而能量价值较低，但小麦麸蛋白质含量较高，并含有较多的赖氨酸，B族维生素含量也较高，缺点是钙的含量太少，钙磷极不平衡，用作饲料要特别注意补充钙。米糠是糙米加工白米的副产品，米糠含有较多的脂肪、蛋白质，赖氨酸含量也较高，但粗纤维的含量也较多。米糠与砻糠粉碎配成二八糠和三七糠，其结果是把能量饲料降低到粗饲料的水平，对饲料资源的利用有害，这种做法是不必要的。米糠榨油后的副产品为糠饼，实质上是脱脂米糠，除了能量价值降低外，其他方面的作用与米糠相似。

8.豆类和饼粕类。豆类有两种类型：一是高脂肪、高蛋白质类型，如黄豆、黑豆等；二是高碳水化合物、高蛋白质类型，如蚕豆、豌豆、小豆、木豆等。它们共同的特点是高蛋白质。高脂肪豆类一般不直接作饲料用，而是榨油后再用豆饼（粕）喂猪。高碳水化合物豆类常用作蛋白质补充饲料。蚕豆、豌豆、小豆煮熟用来喂猪可以生产品质良好的猪肉。豆饼（粕）含粗蛋白质40%以上，蛋白质的品质很高，赖氨酸含量较多，除蛋氨酸含量较低外，各种氨基酸极为平衡，是油（粕）类中质量很好的蛋白质饲料。菜籽饼（粕）含有有毒物质，往往使猪中毒，不要多喂，在日粮中8%左右，危险不大。棉籽饼（粕）蛋白质含量40%以上，品质也很好，但适口性较差，蒸煮去毒，喂量不要超过日粮的10%，如未经处理，不要超过3%。棉籽饼（粕）和菜籽饼（粕）脱毒方法：将草粉制作剂溶解于100公斤水中，再把草粉15公斤、棉籽饼或菜籽饼35公斤，加入到草粉制作剂水溶液中，搅拌均匀，而后装入缸、水泥池、桶或编织袋（内袋有一层不漏气塑料袋），边装物料边压紧，严格密封发酵12～15天，脱毒率在95%以上，喂猪不会中毒。

9.糟渣类。糟渣类是酿造、制粉和制糖的副产品，包括醋糟、酒糟、粉渣、豆腐渣、酱渣等。酒糟喂猪，应干燥粉碎后再用，否则不易消化。豆类粉渣含有较多品质良好的蛋白质，营养价值较高。薯类粉渣含蛋白质较低。豆腐渣和酱渣含蛋白质较多，而且品质较好。豆腐渣中仍含有少量抗胰蛋白酶，要煮熟再喂。酱渣含食盐较多，不可多喂，以防食盐中毒。

10.动物性饲料。动物性饲料来自肉类加工副产品、鱼和鱼类加工副产品、乳和乳制品以及蚕蛹等。动物性饲料中最多的是鱼粉。动物性饲料中灰分含量较高，其中钙、磷含量也较高，还含有丰富的维生素B_{12}。动物性饲料价格较贵，一般用来补充日粮中蛋白质或氨基酸的不足，效果较明显。

11.无机盐饲料。钙和磷是猪必须大量补充的无机盐饲料。钙、磷缺乏则猪食欲减退，生长不良，骨质软化。在无机盐饲料中，猪还需要食盐，可按各种类型猪的饲养标准补充。但必须考虑鱼粉、酱渣中的含盐量，预防食盐中毒。

12.几种矿物质饲料。沸石、麦饭石、膨润土、海泡石、滑石、方解石等，广泛应用于畜牧业。

（1）沸石：猪饲料主要用斜发沸石和丝光沸石等。在猪日粮中添加5%～15%，可提高日增重5%～15%。节约饲料，每增重 1 公斤则少耗料0.21～0.39公斤。此外还能提高抗病力，除臭味，改善环境。

（2）麦饭石：在猪日粮中添加2%以上，可提高猪的免疫力与生产性能，日增重可提高13.98%，饲料转化率可提高34%以上。

（3）膨润土：它是一种黏土型矿物，主要成分是硅铝酸盐。猪日粮中添加1%，日增重可提高3%～5%。

（4）海泡石：在猪日粮中加入一定比例的海泡石饲喂，日增重可提高8%～20%，节省饲料6%～14%，育肥期可缩短20天。

13.羽毛粉、鸡粪、蔗糖滤泥饲料。羽毛粉含蛋白质可达80%以上，比鱼粉的蛋白质含量还高。在配合饲料中可代替一部分鱼粉，一般用量3%。羽毛粉处理方法：经翻晒后的羽毛用水漂洗干净，沥干水分，用普通高压锅将洗净沥干的羽毛在2.5公斤/平方厘米的压力下蒸煮1小时，每隔10分钟搅拌一次，然后捞起，晾干；或酸煮，每公斤干羽毛浸入4～5公斤20%的稀盐酸内煮沸漂洗，使水分含量达25%～30%。经晾干羽毛，利用粉碎机粉成末即为成品。经处理的羽毛粉消化率可达80%～90%，未经处理的羽毛粉消化率只有30%左右。

鸡粪味咸，猪喜食，在日粮中加入量为25%～30%。鸡粪经加工处理后才能使用。加工方法有：①发酵法。鸡粪去杂，晒干，搓碎，加入清水，干湿度以手握紧指缝不滴水为宜，再拌入少量切碎的青菜或青草等，装入缸内或不漏气的塑料袋中，压紧，表层撒2厘米厚的米糠或麦麸，缸口用塑料薄膜封好，用泥封严。塑料袋的袋口要扎紧，防止漏气，一般发酵10天就可用来喂猪。也可用干鸡粪加草粉混合经生物工程技术发酵。②干燥法。鲜鸡粪中加入10%的工业硫酸亚铁，拌匀后在120～160℃温度下烘干，当水分降到10%以下时，即可喂猪。此外，我国南方地区普遍种甘蔗，蔗糖滤泥也可作为饲料喂猪。

第三节　猪饲料中使用的主要原料

一、能量类

小麦、大麦、碎米、次粉、麸皮、油。在谷物类原料中，玉米的能值最高，但蛋白质含量低，氨基酸的组成不好。麦类及其副产品的蛋白质含量要高一些，但其粗纤维含量要比玉米高，因此能值要低一些。油作为一种原料使用时，它即可供能，也可提供必需的脂肪酸。油代谢能值可高达8800大卡，由于油价昂贵，一般养殖户都不在饲料中加油。但如果玉米的添加量低于50%时，则要考虑加油以提供亚油酸等必需脂肪酸，否则，猪会因为缺乏必需脂肪酸而导致生产性能下降。

二、蛋白质类

鱼粉、豆粕、花生粕、棉粕、菜粕、酵母粉、肉骨粉一般将粗蛋白含量大于30%的原料归为蛋白类原料。

鱼粉是动物性的高蛋白质饲料原料，在猪的日粮中特别是乳猪料被广泛使用。鱼粉中的氨基酸平衡良好，对促进动物生长有明显的作用。但由于其价格昂贵而使其使用范围和用量受限。养殖户往往把浓缩料中鱼粉含量的高低作为判断饲料质量优劣的依据，这不无一定的道理。

豆粕富含赖氨酸，但蛋氨酸不足，花生粕中的赖氨酸含量低于豆粕。如果养殖户要用部分花生粕取代豆粕喂猪，则要考虑补充赖氨酸。豆粕与花生粕中的赖氨酸含量分别为2.6%和1.6%。

花生粕的用量最好是生长猪控制在5%，肥育猪不要超过10%。

棉粕和菜粕因其含有一些有毒物质而在用量上加以控制。二者最好能同时使用以起到氨基酸上的互补作用。一般生长肥育猪中二者共同的用量最好不要超过15%，繁殖母猪中的用量控制在6%以内较安全。

酵母除含有丰富的蛋白质外，维生素B族的含量也很高。酵母中的赖氨酸含量较高，但蛋氨酸不足。由于适口性不佳等方面的原因，日粮中的含量最好不要超过2%。

目前，养殖户使用肉骨粉的情况还不多，但当鱼粉价格昂贵时，饲料厂可考虑使用部分进口肉骨粉。进口美国肉骨粉的粗蛋白在50%左右，由于肉骨粉其组成上每批都有差异，因此质量难以稳定，同时要特别注意肉骨粉中脂肪的氧化情况，一旦发现“哈”味，则应停止使用，日粮中的比例控制在2%左右，乳猪料中不要使用。

三、矿物质类

磷酸氢钙、碳酸钙、食盐、硫酸铜、硫酸亚铁、硫酸锰、碘化钾、氧化锌、亚硒酸钠、氯化钴等。

动物体内存在常量和微量元素两大类。前者指占动物体内干物质重0.01%以上，这些元素普遍存在于生物的正常组织，有些是骨骼的成分，如钙、磷，有些是体内代谢中酶的成分，如铜、铁、锌等。饲料中常量和微量元素的缺乏，必须导致动物生理代谢和结构的异常。养殖户或饲料厂在使用这些原料时，要注意其重金属的含量，特别是铅、汞、砷等有毒金属的含量。

四、维生素类

脂溶性维生素A、D、E、K、B族维生素、生物素、氯化胆碱。

维生素不是动物体内的结构物质，它在动物代谢过程中作为某些酶类和激素的组成成分，对营养物质的代谢起催化作用。一般养殖户没有能力将这添加量很少的维生素混合均匀后加入饲料中，通常通过购买饲料厂家的浓缩料或预混料来解决这一问题。

五、营养性和非营养性添加剂类

合成赖氨酸、蛋氨酸、苏氨酸、药物、驱虫剂、防霉剂、抗氧化剂、调味诱食剂、酶制剂、黏结剂等。

第四节　猪的配合饲料与饲粮配合

一、日粮、饲粮、全价日粮和配合饲料的概念

1.日粮：猪日粮指一昼夜内一头猪所采食的各种饲料，由几种不同种类、数量的饲料按一定比例搭配而成。

2.饲粮：饲粮指按照日粮中各种饲料所占比例配的大量混合料。

3.全价日粮：全价日粮指日粮中营养物质的种类、数量及其相互比例均能充分满足猪营养需要的混合料。

4.配合饲料：配合饲料是根据猪的营养需要、饲料营养价值、原料的现况及价格等条件，按科学配方将多种饲料（包括添

加剂）按一定比例和规定的加工工艺流程生产以满足各种实际需求的饲料。

二、配合饲料的种类

配合饲料按照营养构成、饲料形态、饲喂对象等分成很多种类。

1.按营养成分和用途分类：按营养成分和用途将配合饲料分成全价配合饲料、浓缩饲料和添加剂预混料。

（1）全价配合饲料：全价配合饲料亦称为完全配合饲料、全日粮配合饲料，是指能够全面满足饲喂猪的营养需要的配合饲料。它含有猪需要的各种养分，不需要添加其他任何饲料或添加剂，可直接喂猪。

（2）浓缩饲料：浓缩饲料是由添加剂预混料、能量矿物质饲料和蛋白质饲料按一定比例混合而成的饲料。养猪场或养猪专业户用浓缩饲料加入一定比例的能量饲料（玉米、麸皮等）即可配制成直接喂猪的全价配合饲料。浓缩饲料一般占全价配合饲料的20%～30%。

（3）添加剂预混料：它是指用一种或几种添加剂（如微量元素、维生素、氨基酸、抗生素等）加上一定数量的载体或稀释剂，经充分混合而成的均匀混合物。根据构成预混料的原料类别或种类，又分为微量元素预混料、维生素预混料和复合添加剂预混料。预混料既可供养猪生产者用来配制猪的饲粮，又可供饲料厂生产浓缩饲料和全价配合饲料。市售的添加剂预混料多为复合添加剂预混料，一般添加量为全价饲粮的0.25%～3%，具体用量应根据实际需要或产品说明书确定。

2.按饲料形态分类：根据制成的最终产品的物理形态分为粉料、湿拌料、颗粒料、膨化料等。

3.按饲喂对象分类：按饲喂对象可将饲料分成乳猪料、断乳仔猪料、生长猪料、肥育猪料、妊娠母猪料、泌乳母猪料、公猪料等。

三、标准化饲粮配合

单一饲料不能满足猪的营养需要，生产上应按照猪常用饲料成分及营养价值表，选用几种当地生产较多和价格便宜的饲料制成混合饲料，使它所含的养分符合所选定饲养标准规定的各种营养物质的要求，这一过程和步骤称为饲粮配合。

1.饲粮配合的原则：

猪的饲粮配合首先应根据猪对各种营养素的需求量，即饲养标准和猪常用饲料的营养成分和营养价值表，结合当地饲料资源来进行。只要不受体积的限制，猪都能获得每日所需的能量和各种营养素，只不过是采食量不同而异。配合饲料时应根据以下基本原则：

（1）首先应选用适宜的饲养标准和饲料成分表。我国已经有的饲养标准，可以参照使用，如有地区性标准则以地区性标准为准，并在养殖实践中根据猪的生长发育及生产性能等进行酌情修正，灵活使用。

（2）根据不同情况确定设计方案。由于不同猪种和不同发育阶段而要求不同，因此，猪的配合饲料必须针对不同的品种、饲养阶段以及生产目的确定设计方案。

（3）因地制宜，因时制宜，尽量利用本地区现有饲料资源。

（4）营养水平要适宜。因猪生长快，瘦肉率高，要求营养水平较高，在配制猪料时，要使各营养素之间达到平衡，其中要特别注意必需氨基酸的平衡，才能收到良好的效果。

（5）注意猪的采食量与饲料体积的关系。若配料体积过大，猪往往吃不完，若体积过小，则又吃不饱。

（6）控制饲料粗纤维含量。乳猪、仔猪饲料粗纤维不超过4%，生长肥育猪不超过6%，种猪不超过8%，否则影响猪饲料利用率。

（7）注意饲料的适口性。避免选用发霉、变质或有毒的饲料原料；否则影响猪的生长和饲料利用率，甚至中毒。

（8）饲料要优质价廉，在市场上有竞争能力。配料时既要考虑用户心理和生产实际，又要提高产品档次；既要降低生产成本，又要注重生产水平和经济效益。

（9）注意考虑猪的消化生理特点，选用适宜的饲料原料，并力求多样搭配，做到多种饲料合理搭配，发挥各种营养互补作用，提高利用率。

2.猪常用饲料原料的准备：猪常用能量饲料一般是玉米和麸皮，玉米用量为50%～70%，小麦、高粱等可代替部分玉米，麸皮用量为25%。饲粮中的蛋白质饲料主要是豆粕，其他杂粕可代替部分豆粕，但种猪最好不用棉粕或菜粕，仔猪可使用部分动物性蛋白质原料，如鱼粉等。氨基酸不足时可添加人工合成氨基酸，如赖氨酸、蛋氨酸等。矿物质饲料中含钙饲料主要是骨粉，用量为0.5%～2.0%，含磷含钙的饲料主要是骨粉和磷酸氢钙，用量为0.5%～2.5%，食盐用量为0.25%～0.5%。

3.原料的质量控制和主要成分测定：配合饲料品质的好坏与原料品质关系很大，所以营养成分参数值最好来自科研部门发表的饲料成分表，对于蛋白质饲料的粗蛋白质及矿物质饲料中的钙、磷应以实测值为准，还应注意饲料原料的水分、发霉变质等情况。配合饲料对原料的具体指标要求如下，玉米：水分≤14.0%，蛋白质≥8.0%，豆粕：水分≤13.5%，蛋白质≥43.0%，粗纤维≤7.0%；尿素酶活性：0.05～0.3，麸皮：水分≤13.0%，蛋白质≥14.0%，粗纤维≤12.0%，鱼粉：水分≤10.0%，粗蛋白≥55.0%，粗脂肪≤8%，灰分≤20%，盐分3.5%，钙≥8.0%，磷≥2%，胃蛋白酶消化率为85%。

沙门杆菌：不得检出；大肠杆菌：不得检出。

4.饲粮配合的方法：饲粮配合方法很多，常用的主要有试差法和对角线法。

试差法就是根据猪不同生理阶段的营养要求或已选好的饲养标准，初步选定原料，根据经验粗略配制一个配方（大致比例），然后根据饲料成分及营养价值表计算配方中饲料的能量和蛋白质，将计算的能量和蛋白质分别加起来（每种原料的同一养分总和），与饲养标准相比较，看是否符合或接近。如果某养分比规定的要求过高或过低，则需对配方进行调整，直至与标准相符为止。然后，按同样步骤再满足钙和磷，用人工合成氨基酸平衡氨基酸需要，再添加食盐与预混料。手工计算速度慢，现在已有许多配方软件，多采用线性规划或多目标规划，可迅速得到最优解。

现以体重10～20公斤的仔猪为例，说明试差法配制饲料的具体步骤。

第一步：查仔猪饲养标准。消化能为13.85兆焦/公斤，粗蛋白质19%，钙0.64%，总磷0.54%，赖氨酸0.90%，蛋氨酸+胱氨酸0.59%。

第二步：确定选用饲料品种。现有饲料种类为玉米、豆粕、麸皮、鱼粉、骨粉、食盐和预混料。

第三步：查猪的饲料成分及营养价值表（略）。

第四步：试配。初步确定各种风干饲料在配方中的重量百分比，并进行计算，得出初配饲料计算结果，并与表5.1中饲养标准比较。

表5.1 消化能和蛋白质的营养需要量比较

饲料种类	配比/%	消化能/(兆焦/公斤)	粗蛋白/%
玉米	60	14.477×0.60=8.68	8.4×0.60=5.04
豆粕	30	13.3×0.30=3.99	43×0.30=12.90
鱼粉	3	14.0×0.03=0.42	60.5×0.03=1.82
麸皮	4.2	12.0×0.042=0.504	14.5×0.042=0.61
骨粉	1.5		
食盐	0.3		
预混料	1		
合计	100	13.59	20.37
饲养标准		13.85	19
与饲养标准比较		–0.261	+1.37

①调整消化能、粗蛋白质的需要量：与饲养标准比较，能量与饲养标准略低，粗蛋白质高于饲养标准。那么要调整粗蛋白质含量，增加能量，就需要减少豆粕，增加玉米配比量。饲养标准规定粗蛋白需要量为19%，表中混合料可提供蛋白质20.37%，比饲养标准高出1.37%。如果用玉米进行调整，那么每公斤玉米含蛋白质8.4%，每公斤豆粕含蛋白质43%，调整蛋白质含量为34.6%。因此，所增加玉米量为1.37/0.346=3.96，用等量玉米代替等量的豆粕，调整日粮配合比例见表5.2。

表5.2 调整后营养成分的计算结果

饲料种类	配比/%	消化能/（兆焦/公斤）	粗蛋白/%	钙/%	磷/%	赖氨酸/%	蛋氨酸+胱氨酸/%
玉米	64	9.26	5.37	0.0256	0.134	0.1728	0.208
豆粕	26	3.45	11.18	0.083	0.161	0.0197	0.020
鱼粉	3	0.42	1.82	0.138	0.0645	0.66	0.3016
麸皮	4.2	0.72	0.61	0.007	0.032	0.109	0.057
骨粉	1.5			0.45	0.195		
食盐	0.3						
预混料	1						
合计	100	13.85	18.98	0.70	0.59	0.96	0.58
饲养标准		13.85	19	0.64	0.54	0.90	0.51
与饲养标准比较		0	~ 0.02	+0.06	+0.05	+0.06	+0.07

②调整钙、磷需要量：从表5.2看出，与饲养标准相比，钙、磷需要量基本合适，不需要再调整。

③氨基酸配合：猪需要10种必需氨基酸，计算起来比较麻烦。有些氨基酸通过饲料可以满足需要。因此，在实际饲养中应注意赖氨酸和蛋氨酸+胱氨酸的需要量，从表5.2看出，与饲养标准比较，采用豆粕和鱼粉配制仔猪日粮，达到仔猪营养需要量，不需要再添加氨基酸了。但如果配合猪日粮时，减少豆粕和鱼粉的配比比例，加一些杂饼配制而成，就必须注意氨基酸的添加，才能达到猪的营养需要。

④维生素和微量元素需要量：一定要达到猪的饲养标准，否则会影响饲料利用率。因此，一般配合饲料需补加维生素和微量元素预混料。

再以哺乳母猪日粮配制为例，说明对角线法配制饲料的具体步骤。

用能量饲料（玉米、麸皮）和浓缩料（含粗蛋白为33%）配制哺乳母猪饲粮。

设计：玉米粗蛋白质为8.7%，麸皮粗蛋白质为15.7%，一般玉米占能量饲料的70%，麸皮占30%，其混合物的粗蛋白含量为10.8%。计算如下所示：

混合物：10.8　　　　33−17.5=15.5

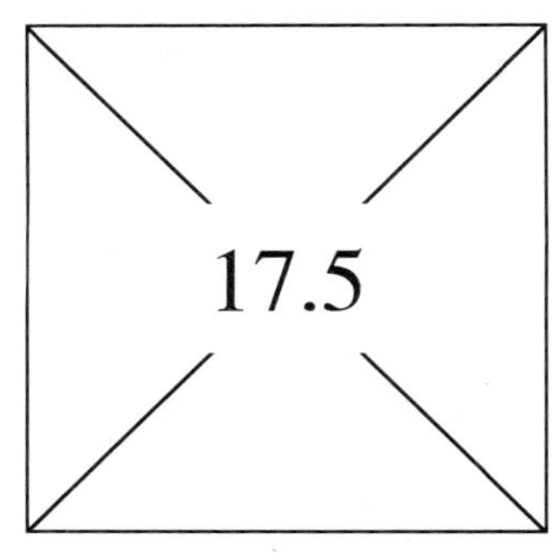

浓缩料：33-15.5-10.8=6.7

那么能量饲料混合物占的比例为：15.5÷（15.5+6.7）×100%=69.82%

浓缩料占的比例为：6.7÷（15.5+6.7）×100%=30.18%

计算玉米、麸皮占配合饲料的比例：

玉米：69.82%×70%=48.87%

麸皮：69.82%×30%=20.95%

因此，哺乳母猪日粮配方：玉米为48.87%，麸皮为20.95%，浓缩饲料为30.18%。

⑤典型饲料配方：典型饲料配方见表5.3。

5.饲料的使用贮存原则

（1）全价配合饲料：

①水分因素：正常出厂水分在12.5%以下，用带内膜的编织袋包装，保质期一般在30～45天。

②贮存条件：干燥、通风、遮阴、无鼠害和虫害的地方。

③易发生的问题：霉变和鼠害。

④建议贮存方法：新进新用或新生产新用，购买时一定要注意生产日期和保质期，夏季以两周内用完为好，冬季可延长到30天以上。

（2）浓缩饲料：

①水分因素：浓缩饲料的出厂水分在12.0%以下，用带内膜的编织袋包装，保质期一般在45～60天。

②贮存条件：干燥、通风、遮阴、无鼠害和虫害的地方。

③易发生的问题：结块和鼠害。

④建议贮存方法：先购进先使用，同时注意生产日期和保质期，夏季以1月内用完为宜，冬天可延长到2个月。

表5.3 典型饲料配方

	仔猪 (7～15公斤)	小猪 (15～30公斤)	中猪 (30～60公斤)	大猪(60～100公斤)				妊娠母猪		泌乳母猪	种公猪	
饲料种类	(1)	(2)	(3)	(4)	(5)	(6)	(7)	(8)	(9)	(10)	(11)	(12)
黄玉米	58.5	58.0	68.0	68.0	69.5	70.0	71.5	73.5	68.0	66.0	63.0	64.0
小麦麸	3.0	3.0	5.5	5.0	6.0	6.5	7.5	8.0	14.0	8.0	8.0	12.0
大豆粕	0	0	14.0	13.5	15.0	14.5	13.5	12.0	12.0	18.0	20.0	17.0
鱼粉(国产)	3.0	3.0	0	2.0	0	0	0	0	0	0	2.0	0
玉米蛋白粉	6.5	5.0	4.5	4.0	0	1.0	0	0	0	0	0	0
膨化大豆	13.0	14.0	0	0	0	0	0	0	0	0	0	0
去皮豆粕	7.0	8.0	3.5	3.5	1.5	0	0	0	0	0	0	0
棉籽饼	0	0	0	0	2.5	2.5	2.0	1.0	0	0	0	0
菜籽饼	0	0	0	0	0	0	0	0	2.0	3.0	3.0	3.0
乳清粉	5.0	4.0	0	0	0	0	0	0	0	0	0	0
植物油	0	1.0	0.5	1.0	1.5	1.5	1.5	1.5	0	1.0	0	0
预混料	4.0	4.0	4.0	4.0	4.0	4.0	4.0	4.0	4.0	4.0	4.0	4.0
消化能/(兆卡/公斤)	3.31	3.36	3.21	3.23	3.21	3.21	3.21	3.22	3.04	3.16	3.09	3.06
粗蛋白质/%	19.20	19.10	16.75	17.31	15.20	14.92	14.05	13.24	14.00	15.89	17.68	15.90
赖氨酸/%	1.30	1.32	1.13	1.20	1.10	1.06	0.90	0.85	0.56	0.76	0.82	0.72

（3）添加剂预混料：

①水分因素：此类产品出厂水分含量一般在11.0%以下，用有内膜的牛皮纸袋包装，保质期在2个月以内。

②贮存条件：通风、干燥、遮阴的地方。

③易发生的问题：维生素类的效价降低，结块物质的形成。

④建议贮存方法：新进新用，注意生产日期和保质期，最好在一月内用完。

第六章　猪场的防控

第一节　卫生防疫制度

为了保障规模化猪场生产的安全，根据《中华人民共和国动物防疫法》及有关兽医法规的要求，依据规模化猪场当前实际生产条件，确保养猪生产的顺利进行，向用户提供优质健康的种猪或商品猪，必须贯彻“预防为主，防治结合，防重于治，养防并重”的原则，杜绝疫病的发生。现制定以下《猪场卫生防疫制度》，请全场员工及外来人员严格执行。

1.猪场应实行兽医防疫卫生管理的场长负责制，组织拟定本场兽医防疫卫生工作计划，制定各部门的防疫卫生岗位责任制。组织领导实施传染病、寄生虫病和常见普通病的预防、控制和消灭工作。

2.整个猪场可分生产区和生活区两部分，生产区主要包括猪舍、兽医室、饲料库、污水处理区等。生活区主要包括办公室、食堂、宿舍等。生活区应建在生产区上风方向并保持一定距离。

3.猪场实行封闭式饲养和管理。所有人员、车辆、物资仅能经由大门和生产区大门出入，不得由其他任何途径出入生产区。

4.非生产区工作人员及车辆严禁进入生产区，确有需要进入生产区者必须经有关领导批准，按本场规定程度消毒、更换衣鞋后，由专人陪同在指定区域内活动。

5.生活区大门应设消毒门岗，全场员工及外来人员入场时，均应通过消毒门岗，按照规定的方式实施消毒后方可进入。

6.场区内禁止饲养其他动物，严禁携带其他动物和动物肉类及其副产品入场，猪场工作人员不得在家中饲养或者经营猪及其他动物肉类和动物产品。

7.场内各大、中、小型消毒池由专人管理，责任人应定期进行清扫，更换消毒药液。场内专职消毒员应每日按规定对猪群、猪舍、各类通道及其他须消毒区域轮替使用规定的各种消毒剂实施消毒。工作服要在场内清洗并定期消毒。

8.饲养员应在车间内坚守岗位，不得进入其他生产车间内，技术人员、管理人员因工作需要须进入生产车间时，应在车间入口处消毒池中消毒后方可进入。

9.饲养员要在场内宿舍居住，不得随便外出；场内技术人员不得到场外出诊；不得去屠宰场、其他猪场或屠宰户、养猪户场（家）逗留。

10.饲养员应每日上、下午各一次清扫猪舍、清洗食槽、水槽，并将收集的粪便、垃圾运送到指定的蓄粪池内，同时应定期疏通猪舍排污道，保证其畅通。粪便、垃圾及污水均需按规定实行无害公处理后方可向外排放。

11.员工休假回场或新招员工要在生活区隔离二天后方可进入生产区工作。

12.生产区内猪群调动应按生产流程规定有序进行。售出猪只应经由装猪台装车。严禁运猪车进场装卸猪只，凡已出场猪只严禁运返场内。

13.坚持自繁自养的原则，新购进种猪应按规定的时间在隔离猪舍进行隔离观察，必要时还应进行实验室检验，经检疫确认健康后方可进场混群。

14.各生产车间之间不得共用或者互相借用饲养工具，更不允许将其外借和携带出场，不得将场外饲管用具携入场内使用。

15.各猪舍在产前、断奶或空栏后以及必要时按照终末消毒的清扫、冲洗、消毒、干燥、熏蒸（消毒）的程序进行彻底消毒后方可转入猪只。

16.场内应在每年春秋两季必要时进行卫生大扫除，割除杂草、灌木，使场区环境常年保持清洁卫生及环境绿化工作。定期在场内开展杀虫灭鼠工作。

17.疫苗由专人使用疫苗冷藏设备到指定厂家采购，疫苗回场后由专人按规定方法贮藏保管，并应登记所购疫苗的批号和生产日期，采购日期及失效期等。

18.应根据国家和地方防疫机构的规定及本地区疫情，决定各类猪使用疫苗的品种，依据所使用疫苗的免疫特性制定适合本场的免疫程序。

19.免疫注射前应逐一检查登记须注苗猪只的栋号、栏号、耳号及健康状况，患病猪及重胎猪应暂缓注射，等其痊愈或产后再进行补注。

20.免疫注射前应检查并登记所用疫苗的名称、批号、外观质量、有效期等；临近失效期疫苗以及失真空、霉变、有杂质或异物疫苗应予报废，严禁使用。

21.注射疫苗前、后应对注射器进行严格消毒，注射中严格做到一头一针，并应防止漏注、少注等质量事故，确保注射质量。务必做到头头注射，免疫率100%。

22.注射免疫后饲养员应仔细观察猪只反应情况，发生严重反应时应及时报告，兽医人员应立即采取相应救治措施。

23.根据本地区疫病流行规律，本场猪群保健防病的需要，在必要时使用抗生素、化学抗菌药物及其他药物对猪群实施群体药物预防或治疗。在育肥猪中应严格按照所用药物的宰前停药期用药，严禁使用国家明令禁止在饲料中使用的药物。

24.对种猪应按生产周期使用规定之药物定期进行驱虫，仔猪应在2月龄、4月龄及必要时使用规定的药物驱除猪只体内外寄生虫。

第二节　免疫程序

一、种猪场仔猪免疫程序

日龄	疫苗名称	免疫剂量	使用方法
27	猪水肿多价灭活苗	1头份	按说明使用
35	猪繁殖与呼吸综合征灭活疫苗	1头份	按说明使用
45	猪链球菌病灭活菌苗	1头份	按说明使用
50	猪瘟兔化弱毒疫苗	1头份	按说明使用
55	猪丹毒猪肺疫二联活菌苗	1头份	按说明使用
63	猪繁殖与呼吸综合征灭活疫苗	1头份	按说明使用
70	猪瘟兔化弱毒疫苗	2头份	按说明使用
77	猪O型口蹄疫灭活苗	1头份	按说明使用

注：仔猪副伤寒、猪伪狂犬病、猪乙脑等疫苗可根据本地实际情况设防。

二、育肥猪免疫程序

日龄	疫苗名称	免疫剂量	使用方法
20	猪瘟兔化弱毒疫苗	1头份	按说明使用
35	猪繁殖与呼吸综合征灭活疫苗	1头份	按说明使用
45	猪链球菌病灭活菌苗	1头份	按说明使用
63	猪繁殖与呼吸综合征灭活疫苗	1头份	按说明使用
70	猪瘟兔化弱毒疫苗	2头份	按说明使用
77	猪O型口蹄疫灭活苗	1头份	按说明使用
120	猪O型口蹄疫灭活苗	1头份	按说明使用

注：仔猪副伤寒、猪丹毒、猪肺疫、水肿病等疫苗可根据本地实际情况设防。

三、初产母猪免疫程序

免疫时间	疫苗名称	免疫剂量	使用方法
250日龄或配种前40天	猪瘟兔化弱毒疫苗	2头份	按说明使用
配种前33天	猪细小病毒油乳剂灭活疫苗	1头份	按说明使用
配种前26天	猪繁殖与呼吸综合征灭活疫苗	1头份	按说明使用
配种前20天	猪伪狂犬病灭活疫苗	1头份	按说明使用
产前40天	K88、K99双价基因工程疫苗	1头份	按说明使用
产前20天	K88、K99双价基因工程疫苗	1头份	按说明使用

注：猪口蹄疫、猪链球菌疫苗，每年3月、9月各防一次；猪乙脑疫苗每年5月、9月各防一次。

以上均须避开怀孕期，经产母猪的防疫参照初产母猪执行，也可根据本地实际灵活设防。

四、种公猪免疫程序

猪乙脑疫苗每年5月、9月各防疫一次；以下疫苗每年3月、9月各防疫一次。

疫苗名称	免疫剂量	使用方法
猪瘟兔化弱毒疫苗	2头份	按说明使用
猪繁殖与呼吸综合征灭活疫苗	1头份	按说明使用
猪O型口蹄疫灭活苗，两个月后再加强免疫一次	1头份	按说明使用
猪链球菌病灭活菌苗	1头份	按说明使用
猪丹毒猪肺疫二联灭活苗	1头份	按说明使用
猪细小病毒油乳剂灭活疫苗	1头份	按说明使用

第三节　驱虫程序

寄生虫分为体内寄生虫（如蛔虫、结节虫、鞭虫等）和体外寄生虫（如疥螨、血虱等），猪群感染寄生虫后不仅使体重下降、饲料转化效率低，严重时可导致猪只死亡，引起很大的经济损失，因此猪场必须驱除体内外寄生虫，一般的驱虫程序为：

1.后备猪：外引猪进场后第2周驱体内外寄生虫一次；配种前驱体内外寄生虫一次。

2.成年公猪：每半年驱体内外寄生虫一次。

3.成年母猪：在临产前2周驱体内外寄生虫一次。

4.新购仔猪：在进场后第2周驱体内外寄生虫一次。

5.生长育成猪：9周龄和6月龄各驱体内外寄生虫一次。

6.引进种猪：使用前驱体内外寄生虫一次。

7.猪舍与猪群驱虫消毒：

（1）每月对种公母猪及后备猪喷雾驱体外寄生虫一次。

（2）产房进猪前空舍空栏驱虫一次，临产母猪上产床前驱体外寄生虫一次。

8.驱虫药物视猪群情况、药物性能、用药对象等灵活掌握。

9.同时驱体内外寄生虫时一般采用帝诺玢、伊维菌素、阿维菌素等混饲连喂一周的方法；只驱体外寄生虫时一般采用杀螨灵、虱螨净、敌百虫等体外喷雾的方法。

10.采用一餐式混饲驱体内外寄生虫的方法，要隔7天再用一次。

11.商品猪驱虫前最好健胃。

第四节　猪场消毒制度

近年来，随着养殖水平的不断提高，我国养殖业已进入一个快速发展的时期，但由于养殖场规模集约化、高密度饲养，使养殖场的病原体不断复杂，而这些病原微生物在适当条件下能造成疫病的流行，如猪瘟、口蹄疫、猪蓝耳病、猪圆环病毒、禽流感、高热病等，养殖场一旦发病，将导致严重的经济损失。

消毒是指用化学的、物理的，或生物学的方法清除或杀灭外环境中的病原微生物及其他有害微生物，通过切断疫病的传播途径以防止疫病的发生或防止传染病的扩大与蔓延，确保安全生产。彻底的消毒、规范的免疫和科学的药物预防手段是最有效、最方便地控制疾病的方法。

一、消毒剂分类及常用消毒剂

1.按消毒剂作用水平分类

（1）高效消毒剂：指可杀灭所有微生物，包括各种细菌繁殖体、细菌芽孢、真菌、结核杆菌、囊膜和非囊膜病毒等，也称灭菌剂，如过氧乙酸、甲醛、戊二醛等及有机汞类；

（2）中效杀毒剂：除不能杀死细菌芽孢外，可杀死细菌繁殖体、真菌和病毒等其他微生物，如乙醇、酚剂类；

（3）低效杀毒剂：可杀死部分细菌繁殖体、真菌和囊膜病毒，不能杀灭结核菌、细菌芽孢和非囊膜病毒，如季铵盐类等阳离子表面活性剂——新洁尔灭、洗必泰等。

2.按消毒剂用途分类

（1）环境消毒剂；

（2）带畜（禽）体表消毒剂（包括饮水、器械等）。

3.按物品性状：固体、液体、气体

4.按化学性质分类

（1）过氧化物类消毒剂：指能产生具有杀菌能力的活性氧的消毒剂，如过氧乙酸、过氧化氢、过氧戊二酸、臭氧、二氧化氯等，如杜邦公司的“Virkon”过一硫酸氢钾复合盐消毒剂等。缺陷及危害：过氧乙酸、过氧化氢、过氧戊二酸不稳定、刺激性强，长期使用对人和动物眼睛、呼吸道黏膜、环境有强力的破坏。见表6.1。

（2）含氯消毒剂：指在水中能产生具有杀菌活性的次氯酸的消毒剂：①有机含氯消毒剂：如二氯异氰尿酸钠、二（三）氯异氰尿酸、氯胺-T、二氯二甲基海因、四氯甘脲氯脲等的消毒剂；②无机含氯消毒剂：漂白粉（$CaOCl_2$）、漂（白）粉精（高效次氯酸钙$Ca(ClO)_2 \cdot 2H_2O$）、次氯酸钠（$NaClO \cdot 5H_2O$）、氯化磷酸三钠（$Na_3PO_4 \cdot 1/4NaOCl \cdot 12H_2O$）等。缺陷及危害：代谢物

表6.1 过氧化物消毒剂性能对照表

特点品名	过氧乙酸	过氧化氢（双氧水）	过氧戊二酸	臭氧	二氧化氯（复合亚氯酸钠）	过硫酸复合盐
杀菌能力	强	强	强	强	强	强
刺激性、腐蚀性	强	强	强	无	无	无
安全性：人、动物环境	差(对呼吸道、眼睛等有强力的破坏性）			较安全	安全（代谢物不产生三氯甲烷）	安全
	差（长期使用，对环境将造成严重的破坏）			最安全	安全	安全
稳定性	差	差	差	差	稳定	稳定
使用范围	环境	环境	环境	饮水、环境	饮水、带畜、环境、器械等	饮水、带畜、环境等

表6.2 有机含氯消毒剂性能对照表

特点品名	二氯异氰尿酸钠	二（三）氯异氰尿酸	氯胺-T 甲苯磺酰胺钠	二氯二甲基海因 1，3-二氯-5，5二甲基乙内酰脲
有效氯含(%)	＞55	≥65、≥90	≥23～26	≥70
杀菌能力	强	强	强	强
刺激性、腐蚀性	较强	较强	较弱	较弱
安全性：人、动物环境	差（长期使用，易对呼吸道、眼睛等造成破坏）		较安全	安全
	差（长期使用，易对环境将造成破坏）		一般	较安全
使用范围	饮水、环境、工具等	饮水、环境、器械等	饮水、牲畜、环境等	饮水、牲畜、环境等
稳定性	水溶液不稳定	一般	水溶液不稳定	稳定（水中缓慢溶解，缓释）

表6.3 无机含氯消毒剂性能对照表

特点品名	次氯酸钠 $NaClO \cdot 5H_2O$	漂白粉 $CaOCl_2$	漂(白)粉精 $Ca(ClO)_2 \cdot 2H_2O$	氯化磷酸三钠 $Na_3PO_4 \cdot 1/4NaOCl \cdot 12H_2O$
有效氯含量（%）	100～140	35	60	3
杀菌能力	很强	强	强	强
刺激性、腐蚀性	强	强	强	强
安全性：人、动物环境	差(对呼吸道、眼睛等有强力的破坏性）			低毒/有弱蓄积毒性
	差（长期使用，对环境将造成严重的破坏）			一般
稳定性	很差	很差	差	较稳定
使用范围	环境、空栏	环境、空栏	环境、空栏	环境、空栏、去污、浸泡等

三氯甲烷高致癌、绝大多数刺激性强，无表面活性作用。见表6.2，表6.3。

（3）碘类消毒剂：是以碘为主要杀菌成分制成的各种制剂。一般来说可分为：①传统的碘制剂：碘水溶液、碘酊（俗称碘酒）和碘甘油。②碘伏：是碘与表面活性剂（载体）及增溶剂等形成稳定的络合物。有非离子型、阳离子型及阴离子型三大类，其中非离子型碘伏是使用最广泛、最安全的碘伏，主要有聚维酮碘（PVP-I）和聚醇醚碘（NP-I），尤其聚维酮碘（PVP-I），我国及世界各国药典都已收入在内。阳离子型是元素碘与阳离子表面活性剂等形成的络合物，例如，季铵盐碘。阴离子型是元素碘与阴离子表面活性剂等形成的络合物，例如，烷基磺酸盐碘。③其他复合型：碘酸溶液（硫酸、磷酸、表面活性剂）等。见表6.4。

（4）醛类：能产生自由醛基再适当条件下与微生物的蛋白质及某些其他成分发生反应。包括甲醛、戊二醛、聚甲醛等，目前最新的器械醛消毒剂是邻苯二甲醛OPA。见表6.5。

危害：甲醛、聚甲醛具有高度刺激性、高致癌性。

（5）酚类消毒剂：苯酚是酚类化合物中最古老的消毒剂，上世纪70年代以前广泛用于医学和卫生防疫消毒。由于其杀菌效力低，加上对环境造成污染，目前已不主张大量使用，已被更有效的、毒性低的酚类衍生物所取代。如卤化酚（氯甲酚）、甲酚（煤酚皂液又称来苏儿）、二甲苯酚和双酚类、复合酚等。缺陷与危害：苯酚、甲酚、二甲苯酚和双酚类、复合酚等（氯甲酚除外）具有强致癌及蓄积毒性，酚臭味重。见表6.6。

（6）醇类消毒剂：杀菌效果属于中等水平，主要用于皮肤消毒；常用的有乙醇、正丙醇和异丙醇。

（7）杂环类消毒剂：主要有环氧乙烷、氧丙、乙型丙内脂等。

表6.4　碘制剂性能对照表

特点品名	传统碘制剂	复合碘	碘伏		
	碘水溶液碘酊和碘甘油	碘酸溶液	非离子型 PVP-I/NP-I	阳离子型 季铵盐碘	阴离子型 烷基磺酸盐碘
杀菌能力	较强（无表面活性及缓释作用）	较强（表面活性及缓释作用较弱）	强（表面活性好及缓释作用强）	强（表面活性好及缓释作用强）	较强（表面活性好及缓释作用强）
刺激性、腐蚀性	强	强	无	无	无
安全性：人、动物环境	差（长期使用，易对呼吸道、眼睛等造成破坏）		最安全	安全	较安全
	差（长期使用，易对环境将造成破坏）		最安全	不安全（生物降解性差，长期使用，易对环境将造成破坏）	不安全（生物降解性差）
稳定性	很差	一般	很稳定	很稳定	较差
使用范围	环境	环境、空栏、饮水	饮水、黏膜、牲畜、环境、伤口治疗等	牲畜、环境等	———

表6.5　醛类消毒剂性能对照表

特点 品名	甲醛（多聚甲醛）	戊二醛			邻苯二甲醛OPA
		碱性戊二醛	酸性戊二醛	强化酸性戊二醛	
杀菌能力	一般（温度对熏蒸效果影响很大）	强	强	很强（加强化增效剂，杀菌效果增倍）	很强
刺激性、腐蚀性	强	较弱	较弱	较弱	无
安全性：人、动物环境	差（对呼吸道、眼睛等有强力的破坏性、强致癌、致异）	较安全	较安全	较安全	安全
	差	较安全	较安全	较安全	安全
稳定性	不稳定	不稳定	较稳定	较稳定	很稳定
使用范围	环境	牲畜、环境、器械、水体等	牲畜、环境、器械、水体等	牲畜、环境、器械、水体等	牲畜、环境、器械、水体等

表6.6 酚类消毒剂性能对照表

特点品名	苯酚（石炭酸）	煤酚皂液(来苏儿)	复合酚(农福)	氯甲酚溶液（4-氯-3-甲基苯酚）
杀菌能力	弱	稍强（酚系数：2～2.7）	强	很强（酚系数：20）
刺激性、腐蚀性	强	强	强	无
安全性：人、动物环境	差（强致癌并有蓄积毒性）	差（强致癌并有蓄积毒性）	差（强致癌并有蓄积毒性）	安全
	差（环境污染严重）	差（环境污染严重）	差（环境污染严重）	较安全
使用范围	环境	环境	环境	牲畜、车辆、环境、器物等

表6.7 双胍类及季铵盐类消毒剂性能对照表

特点品名	氯已定（洗必泰）	苯扎溴铵（新洁尔灭或溴苄烷铵）	度米芬（消毒宁）	百毒杀50%双癸基二甲基溴化铵
杀菌能力	弱（抗药性很强）	弱（使用浓度高、影响杀菌效果因素很多）	弱（稍于强苯扎溴铵）	较强（双链季铵盐杀菌效果强于单链季铵盐）
刺激性、腐蚀性	无	皮肤、黏膜刺激性低，但对金属有腐蚀	无	无
安全性:人、动物环境	较安全	较安全	较安全	较安全
	差（生物降解性差，长期大量使用，易对环境将造成破坏）			
稳定性	稳定	稳定	稳定	稳定
使用范围	伤口、黏膜冲洗擦拭	伤口、黏膜冲洗擦拭	伤口、黏膜冲洗擦拭	带畜、伤口、黏膜冲洗擦拭等

（8）双胍类及季铵盐类消毒剂（阳离子型表面活性剂类消毒剂）：绝大多数是低效消毒剂，存在有机污染物时消毒效果很差。主要有氯己定（洗必泰）等二胍类消毒剂、苯扎溴铵（又称新洁尔灭或溴苄烷铵，即十二烷基二甲基苯甲基溴化铵）、度米芬（又称消毒宁，即十二烷基二甲基乙苯氧乙基溴化铵）双链季铵盐消毒剂、百毒杀（50%双癸基二甲基溴化铵）、新洁灵消毒液（溴化双（十二烷基二甲基）乙撑二铵）、四烷基铵盐（拜洁）。见表6.7。

（9）酸碱类：醋酸、烧碱（火碱/氢氧化钠）、石灰等（仅作为一次性空舍消毒）。见表6.8。

表6.8 酸碱类消毒剂性能对照表

特点品名	烧碱（火碱/氢氧化钠）、石灰等	醋酸
杀菌能力	较强（成分单一，杀毒范围窄，无表面活性作用，存在有机物时降低消毒效果）	一般（成分单一，杀毒范围窄，无表面活性作用，存在有机物时降低消毒效果）
刺激性、腐蚀性	强	强
安全性：人、动物环境	差（极易灼伤皮肤、眼睛、呼吸道和消化道）	差（极易灼伤皮肤、眼睛、呼吸道和消化道）
	腐蚀金属，破坏环境	腐蚀金属，破坏环境
稳定性	不稳定（极易吸潮，导致结块、失效）	不稳定（易挥发）
使用范围	一次性空舍消毒	一次性空舍消毒

（10）其他类型消毒剂：高锰酸钾、高铁酸钾、固体氧化电位次氯酸钠消毒剂等。

（11）复方化学消毒剂：复方化学消毒剂配伍类型主要有二

大类（配伍原则）。①消毒剂与消毒剂：两种或两种以上消毒剂复配，例如季铵盐类与碘的复配、戊二醛与过氧化氢的复配其杀菌效果达到协同和增效，即1＋1＞2。②消毒剂与辅助剂：一种消毒剂加入适当的稳定剂和缓冲剂、增效剂，以改善消毒剂的综合性能，如稳定性、腐蚀性、杀菌效果等，即1＋0＞1。

二、常用消毒剂的作用机理

微生物的生长繁殖与外界环境密切相关，受到周围环境中各种因素的影响。消毒的原理就是改变微生物赖以生存的环境，致使微生物的内外结构发生改变，主要代谢机能出现障碍，生长发育受阻，从而丧失活性，失去致病力。

1.酚类：这类消毒剂能使病原微生物的蛋白变性、沉淀而起杀菌作用，能杀死一般细菌。复合酚能杀灭芽孢、病毒和真菌。主要有苯酚、复合酚、煤酚等。

2.醛类：醛类消毒剂可损害一切细胞的生活物质，破坏动物组织细胞，杀菌作用较强，其中以甲醛的效果较好，也最常用。随着生产技术的进步和养殖业的需求，戊二醛、邻苯二甲醛等高效消毒剂也被广泛应用。

3.酸类：酸类消毒剂的杀菌原理是高浓度的氢离子能使菌体蛋白变性和水解，而低浓度的氢离子可以改变细菌体表蛋白两性物质的离解度，抑制细胞膜的通透性，影响细菌的吸收、排泄、代谢和生长。氢离子还可与其他阳离子在菌体表面竞争性吸附，妨碍细菌的正常活动。

4.碱类：碱类消毒作用的机理是阴性氢氧根离子能水解蛋白质和核酸，使细菌酶系统和细胞结构受损害，同时碱还能抑制细菌的正常代谢机能，分解菌体中的糖类，使菌体复活。它对病毒有强大的杀灭作用，可用于许多病毒性传染病的消毒，高浓度碱液亦可杀灭芽孢。碱类消毒剂最常用于畜禽饲养过程中场区及圈舍地面、污染设备（防腐）及各种物品以及含有病原体的排泄物、废弃物的消毒。

5.表面活性剂类：这类消毒药可降低菌体的表面张力，增高菌体细胞膜的通透性，引起重要的酶和营养物质漏失，使菌体内的酶、辅酶和中间代谢产物选出，阻碍了细菌的呼吸和糖酵解的过程，使菌体蛋白变性，而出现杀菌作用。另外，这一类消毒剂有利于油的乳化而除去油污，产生一定的清洁作用。

6.氧化剂类：这是一类含不稳定的结合态氧的化合物，遇到有机物或酶即可放出初生态氧，而后破坏菌体的活性基因，发挥消毒作用。

7.卤素类：卤素（包括氯、碘等）因化学结构与代谢相似，对细菌原生质及其他结构成分有高度的亲和力，易渗入细胞，之后和菌体原浆蛋白的氨基或其他基团相结合，使其菌体有机物分解或丧失功能呈现杀菌作用。在卤素中氟、氯的杀菌力最强，依次为溴、碘，但氟和溴一般消毒时不用。

三、影响消毒效果的因素

实际工作中正确选择、使用化学消毒剂，发挥其最佳效力和用途，对于达到良好的消毒效果极为重要。由于一些因素的影响，即使是同一种消毒剂在不同情况下的消毒效果也会差别很大。下面是几种常见的影响消毒剂消毒效果的因素。

1.消毒方法：不同的消毒方法，其消毒作用和效果是不同的，在实施兽医消毒时，应根据消毒目的和消毒的对象加以选择，合理运用焚烧、煮沸、熏蒸、浸泡喷雾和不同消毒方法联合运用等，但若选择不当则往往达不到预期效果，甚至产生副作用。

2.消毒药物本身：必须根据消毒对象及消毒剂本身的特点科学地进行选择，不能随意混合使用，应选择多种产品轮换使用，按照说明书提供配比浓度进行调配，避免随意配置。目前消毒剂市场良莠不分，有些厂家毫无根据片面夸大产品作用，宣称零缺点，有些产品实效量与标示量相差甚远。因此，在选择市售消毒剂时，需要了解它的成分和性质，选择广谱、高效、安全、使用方便，又不易受环境影响的消毒剂，这样才不至于被广告宣传所迷惑。

3.消毒剂使用量：一般地说，处理剂量和消毒效果及其副作用都是成正比的。但是，消毒剂浓度的增加是有限的，超越此限度时，并不一定提高消毒效力，有时，一些消毒剂的杀菌效力反而随浓度的增高而下降，如70%酒精的杀菌作用比100%纯酒精强。需要指出的是，对于某些科技含量低、片面强调含量高、效果又不十分突出的产品，使用时更需要特别注意，既要保证效果，又不能让它产生过多的副作用。

4.外界环境因素：

（1）有机物：有机物可使药物的杀菌作用大为降低，而且有机物被覆于菌体上，阻碍与药物接触，对细菌起着机械的保护作用。因此，对猪舍中的有机物，包括粪便、分泌物、排泄物、饲料残渣等，必须清扫、冲洗干净。试验表明：清扫猪圈可除掉20%的细菌，高压冲洗，可除掉50%的细菌，消毒药只能杀灭20%的细菌，三者相加可使猪舍内的细菌减少90%以上。猪舍的消毒应选用受有机物影响较小的消毒药品，同时应适当提高消毒剂的浓度，延长消毒时间，方可达到良好的消毒效果。

（2）温度及时间：许多消毒剂在较高温度下消毒效果比低温下好，温度升高可以增强消毒剂的杀菌能力和缩短消毒时间。当温度增加10摄氏度，酚类的消毒速度增加8倍以上，重金属盐类的杀菌效力可增加2～5倍，石碳酸则增加5～8倍。

（3）湿度：在熏蒸消毒时，湿度可作为一个环境因素影响消毒效果。过氧乙酸或甲醛熏蒸消毒时，相对湿度以60%～80%为最好。湿度太低，则消毒效果不良。

（4）酸碱度（pH值）：许多消毒剂的消毒效果受消毒环境pH的影响。如碘制剂、酸类、来苏儿等消毒剂，在酸性环境中杀菌作用增强。而阳离子消毒剂如新洁尔灭等，在碱性环境杀菌作用增强。

（5）表面活性剂和金属离子：大分子聚合体和非离子表面活性剂，可以对羟基甲酸脂类和季铵盐类消毒剂的作用，阴离子表面活性剂可以降低季铵盐类和洗必泰的消毒作用，次氯酸盐和过氧乙酸可以被硫代硫酸钠等还原性物质中和。金属离子的存在对消毒效果也有一定影响，如存在低浓度二价阳离子时，阴离子表面活性剂对葡萄球菌的抗菌作用加强。然而，若存在Mg^{2+}，Ca^{2+}，长链脂肪酸的杀菌作用大大降低。

5.微生物种类和数量：由于微生物本身的形态结构及代谢方式等生物性的不同，其对化学消毒剂表现的反应也不同。如革兰氏阳性菌比革兰氏阴性菌对消毒剂更敏感，这主要是由于革兰氏阴性菌细胞壁由丰富类脂的包膜形成，有阻止抗菌物质进入的作用。细菌的芽孢有较厚的芽孢和多层芽孢膜，结构坚实，消毒剂不易渗透进去，所以芽孢对消毒剂的抵抗力比其繁殖体要强得多。病毒对消毒剂的敏感性介于细菌芽孢和繁殖体之间，但由于有些病毒（如口蹄疫病毒、猪水泡病病毒）的结构中无胞浆膜而表现出对象的不同选用合适的消毒剂。微生物污染的数量越多，消毒越困难，因此，消毒严重污染物品时应加大消毒剂用量或延长消毒时间。

四、消毒剂对微生物杀灭效果评价

评价消毒产品的消毒效果，应以中华人民共和国卫生部颁布的《消毒技术规范》为依据，主要是评价对微生物（细菌、病毒、真菌、芽孢等）的杀灭作用以及有机物、pH值、温度等因素对其效果的影响。检验消毒产品对细菌、真菌的灭活效果时所选用的基础实验菌种包括：金黄色葡萄球菌ATCC6538、铜绿假单胞菌ATCC15442、大肠杆菌8099、枯草杆菌黑色变种ATCC9372、龟分枝杆菌脓肿亚种ATCC19977、白色葡萄球菌8032、白色念珠菌ATCC10231、黑曲霉菌ATCC16404。病毒灭活试验所用试验病毒株为脊髓灰质炎病毒Ⅰ型疫苗株和艾滋病病毒Ⅰ型美国株。

评价消毒剂消毒效果的检测方法主要包括中和试验、消毒剂定性消毒试验、消毒剂定量消毒试验、消毒剂杀菌能量试验、乙型肝炎表面抗原抗原性破坏试验等。

五、规模化养殖场消毒程序

消毒是兽医防疫工作中的重要措施之一，是养殖场生物安全体系的中心内容和保障，还是疫苗免疫和药物防治缺陷的补充，只有环境控制、免疫、药物防治和消毒四者共同作用，保持环境清洁卫生，通过消毒工作减轻外界病原对养殖场的压力，保证畜禽健康成长，减少疫病危害的机会。规模化养殖场的日常消毒程序如下。

1.非生产区消毒

（1）人员消毒：一切需进入养殖场的人员（来宾、工作人员等）必须走专用消毒通道。在大门人员出入口通道应设置汽化喷雾消毒装置，可用碘酸混合溶液、复方戊二醛溶液或二氧化氯，三种消毒剂轮换使用，每1～2月换一次。在人员进入通道前先进行汽化喷雾，使通道内充满消毒剂气雾，人员进入后全身黏附一层薄薄的消毒剂气溶胶，能有效地阻断外来人员携带的各种病原微生物。人员通道地面应做成浅池型，池中垫入有弹性的室外型塑料地毯，并加入二氯异氰脲酸钠稀释液或复合酚，每天适量添加，每周更换一次，两种消毒剂1～2月互换一次。人手消毒可用碘酸混合溶液或聚维酮碘涂擦手部即可。

（2）车辆（包括客车、饲料运输车、装猪车等）：所有进入养殖场（非生产区、或生产区）的车辆消毒必须严格消毒，特别是车辆的挡泥板和底盘必须充分喷透、驾驶室等必须严格消毒。可用二氯异氰脲酸钠稀释液或复合酚，每天添加，7天更换一次，1～2月互换一次。（与大门消毒池所用的消毒剂一致）。

（3）大门消毒池：消毒池的长度为进出车辆车轮2个周长以上，消毒池上方最好建顶棚，防止日晒雨淋；并且应该设置喷雾消毒装置。可用二氯异氰脲酸钠稀释液或复合酚，每天适量添加，7天更换一次，1～2月互换一次。

（4）办公及生活区环境消毒：正常情况下，办公室、宿舍、厨房、冰箱等必须每周消毒一次，卫生间、食堂餐厅等必须每周消毒两次。疫情爆发期间每天必须1～2次。可用二氯异氰脲酸钠或二氧化氯，1～2月互换一次。

2.生产区消毒

员工和访客进入生产区必须要更衣消毒沐浴，或更换一次性的工作服，换胶鞋后通过脚踏消毒池（消毒桶）才能进入生产区。

（1）更衣沐浴：喷雾消毒室，可用二氯异氰脲酸钠或二氧化氯，每天适量添加，每周更换一次，1～2月互换一次。

（2）脚踏消毒池（消毒桶）：工作人员应穿上生产区的胶鞋或其它专用鞋，通过脚踏消毒池（消毒桶）进入生产区。可用二氯异氰脲酸钠稀释或复合酚，每天适量添加，每周更换一次，两种消毒剂1～2月互换一次。

（3）生产区入口消毒池：可用二氯异氰脲酸钠或复合酚，每天适量添加，每周更换一次，两种消毒剂1～2月互换一次。

（4）生产区道路、空地、运动场等：应做好厂区环境卫生工作，经常使用高压水清洗，每周用二氯异氰脲酸钠对厂区环境进行1～2次消毒。

（5）排污沟消毒：定期将排污沟中污物、杂物等清除通顺干净，并用高压水枪冲洗，每周至少用复合酚消毒一次，对蚊蝇繁殖有抑制作用。

（6）赶猪通道、装猪台消毒：有条件应将种猪台和肉猪台分开，每次使用前后都必须消毒，以防止交叉感染。可用二氯异氰脲酸钠稀释或二氧化氯，1～2月互换一次。

（7）产房消毒

①产前处理：用聚维酮碘或碘酸溶液作为洗涤消毒剂，全身抹洗后擦干。

②产后保护性处理：产后必须清洁消毒，特别是人工助产，必须严格进行保护性处理，以保证母猪生殖系统健康。母猪分娩后，24小时以内，先用复方戊二醛或碘酸溶液冲洗子宫，两小时后可将滞留胎衣剥离排出；然后用消毒灭菌后专用不锈钢推进器将抗生素类药推入子宫内。

③仔猪断脐及保温处理：仔猪一出生断脐后，迅速用毛巾等将胎衣简单擦拭抹去后，马上用干燥粉（仔猪专用保温干爽粉除湿保温、消毒爽身）彻底擦拭抹干，尤其是脐带部位。可使仔猪迅速干燥，保持体温，减少体能损失；能更快、更多地吃到初乳。可再将仔猪脐带在碘酸稀释液中浸泡一下，双重保护。

④断尾、剪牙、去势等：断尾、剪牙、趋势等手术创口直接

用聚维酮碘或碘酸溶液反复涂抹几下，即可。

⑤产房环境消毒：产前在产房内放置缓释消毒盆，即在塑料盆中加2～3盖的碘酸或复方戊二醛，再加适量的水稀释，每10～20平方米放置一个缓释消毒盆。

（8）哺乳期仔猪消毒：仔猪出生十天后，可用聚维酮碘溶液或碘酸溶液喷雾消毒，夏天可直接对仔猪喷雾消毒，冬天气温较低时，向上喷雾，水雾（滴）要细，慢慢下降，仔猪不会感到冷。同时猪只通过吸入碘细雾，直接作用于肺泡，可有效控制和改善仔猪呼吸道疾病。

（9）保育室消毒：保育舍进猪前一天，对高床、地面，保温垫板充分喷洒，可杀菌消毒、驱赶蚊蝇、防止擦伤等，同时让仔猪保育室跟产房的气味一致，降低断奶仔猪对变更环境的应激。可用聚维酮碘溶液或碘酸溶液喷雾消毒，干燥后再进猪。

（10）后备及怀孕母猪室及公猪室的消毒：无论是后备、怀孕母猪以及公猪的生活环境都必须保持卫生、干燥，并严格消毒，这样不但可以降低各种传染病的感染几率，同时可以减少生殖系统被病原微生物感染致病，导致不孕、流产、死胎、少精、死精等疾病的发生。可用二氯异氰脲酸钠溶液，3天1次。

（11）育肥猪室（中、大）消毒：用专用汽化喷雾消毒机喷雾消毒，喷雾水滴直径80～100微米，使消毒剂水滴慢慢下降时与空气粉尘充分接触，杀灭粉尘中的病原微生物。日常隔天消毒一次，可用二氯异氰脲酸钠1：1200稀释或二氧化氯（ClO_2）1：1500稀释，1周2次；暴发疾病时，二氯异氰脲酸钠1：800稀释，每天消毒一次。

（12）公猪采精时：用手抓阴茎易擦伤或残留精液腐败，使阴茎感染。在采精完毕时，一手抓住阴茎先不放，另一手涂上碘酸溶液或聚维酮碘溶液，慢慢放开抓阴茎的手，使其均匀涂抹在阴茎上，保护阴茎。

（13）病猪（病猪隔离室）的消毒：每个生产区应有单独的病猪隔离室，一旦发现某一或某几个猪只出现异常，应隔离观察治疗，以免传染给其他健康猪只。每天用二氯异氰脲酸钠或复合酚消毒，如发生呼吸道疾病，可用碘酸溶液汽化喷雾消毒，十分钟后再开窗通风，让猪只充分吸入活性碘，直接作用肺泡，能有效控制和杀灭肺泡里的病原微生物，使呼吸道疾病得到有效的控制和减缓。如发生肠道疾病，如细菌性或病毒性腹泻，在饮用水中按0.8公斤/吨水添加碘酸，疗效确切。

（14）饮用水消毒：无论水质本身或二次污染，猪饮用污染的水会引起很多疾病的发生；进行饮用水消毒是为了杀灭和控制饮用水中致病微生物的浓度。但过量或有毒害的消毒剂通过饮水进入胃肠后，可能影响正常菌群的平衡或造成健康问题，影响饲料的消化吸收，因而日常饮用水消毒剂要注意消毒剂品种及加入比例。

季胺化合物不适用于饮用水消毒。猪饮水应清洁无毒，无病原菌，符合人的饮用水标准，生产中要使用干净的自来水或深井水。应该将饮用水和冲洗用水分开，一方面饮用水必须消毒，而冲洗水一般无需消毒，成本低，同时可以很方便在饮用水中添加各种保健和治疗药物。饮用水消毒，可用二氯异氰脲酸钠2～15克/吨水或二氧化氯4～15克/吨水消毒，爆发急病时加大用量（日常用量加倍），特别是发生肠道疾病，如病毒性腹泻等，饮水中以0.8公斤/吨水添加碘酸，连续三天，可有效控制病情。

（15）饲喂工具、运载工具、及其他器具的消毒：频繁出入猪舍的各种器具、推车，如小猪周转箱（车）等，必须经过严格的消毒。各种饲喂工具每天必须刷洗干净，用水枪冲洗后，再用二氯异氰脲酸钠溶液、复方戊二醛或复合酚洗刷浸泡消毒，方可使用。

（16）药物、饲料等物料外表面（包装）：对于不能喷雾消毒的药物饲料等物料的表面采用复方戊二醛或二氧化氯密闭熏蒸消毒。物料使用前除去外包装。

（17）皮炎湿疹消毒：猪只无论大小，体表出现细菌、霉菌性的皮炎、湿疹等，可用聚维酮碘溶液或碘酸溶液每天喷猪体表两次，连续三天以上；或直接用棉签蘸聚维酮碘溶液涂抹患处，直至治愈。

（18）手术（伤口）消毒：在进行手术前，手术创面可用碘酸溶液直接涂抹两次以上进行灭菌；兽医工作人员用碘酸溶液稀释液反复搓抹1分钟以上，进行灭菌；伤口或溃疡可先用碘酸稀释液冲洗干净，再用直接涂抹原液即可。

（19）医疗器械消毒：术后使用过的各种医疗器械，可先用碘酸稀释液浸泡刷洗后，再放入复方戊二醛溶液浸泡半天以上，取出用洁净水冲洗晾干备用。同一器械要连续用于不同猪只时，如专用栓剂推进器，紧急消毒方法是：先用洁净水冲洗一下，再浸泡在碘酸稀释液2～3分钟中，即可使用。

（20）病死猪、活疫苗空瓶等处理消毒：病死猪最好在专用焚化炉中焚烧处理，也可深埋，用生石灰和烧碱拌撒深埋。每次使用后的活疫苗空瓶应集中放入装有盖塑料桶中灭菌处理，防止病毒扩散，可用消毒剂：复方戊二醛稀释溶液、复合酚或二氧化氯稀释液中。

3.空栏（舍）终端消毒

一般在某种传染性疫病平息后或猪舍空栏后，需要对环境及每间猪舍进行终末消毒，首先必须彻底清除猪粪和垃圾，在打扫后可选1：1500二氯异氰脲酸钠或1：1500二氧化氯（ClO_2）药液，用压力喷洗机进行喷洗，用量大约每平方米面积1升消毒药液。冲洗先从舍顶棚开始，然后沿墙壁一直喷洒到地板上，同时要注意清洗死角和脏物积聚的地方。清洗后，病原微生物特别是病毒类的污染程度可能仍然很高，足以对敏感青年猪群或刚引进猪群构成严重威胁，所以必须进行彻底消毒，以杀灭各种病原微生物，视消毒对象不同可选用二氯异氰脲酸钠、复方戊二醛、复合酚、二氧化氯、碘酸、烧碱、过氧乙酸等消毒剂，这些消毒剂既可以杀灭细菌又可以杀灭病毒，还可以杀灭细菌芽孢，属于广谱、高效、低毒性（除烧碱外）、低残留的消毒剂。用二氧化氯药液或碘酸溶液进行全面的喷洒消毒和对非金属制品（用具）的浸泡消毒（维持时间25～30分钟），喷洒消毒时每平方米表面（如地面、墙壁等）用配好的消毒药液300毫升。喷洒时特别要注意那些容易残留污物的地方，如角落、裂隙、接缝和易渗透的表面，其喷洒顺序先猪舍顶棚，并沿墙壁冲到地面。待清洗的表面干燥后，再引入猪群。

猪舍的空间（空气）消毒对现代集约化养殖场来说也是非常重要的，特别对降低呼吸道疾病的效果很显著。用二氧化氯溶液或复方戊二醛溶液进行空气喷洒消毒，每平方米用500毫升配好的消毒剂药液，间隔2天1次，共进行2次。

消毒能够控制家畜传染病的发生，是杀死或杀灭病原，切断了疾病的最佳传播途径。大量的实践结果表明，严格消毒可以将养殖场的疾病发生率降低到80%。也就是说，做好消毒工作能给养殖场安全生产带来较大的经济效益。

第五节　预防用药及保健

1.仔猪保健用药方案

3日龄：附红康0.5毫升肌注

7日龄：附红康1毫升肌注

21日龄：附红康1.5毫升肌注，同时，分开肌注四季疫必治1～2毫升。

断奶前五天：母子平安＋盐酸大观林可霉素＋黄芪多糖＋营养快线，连用3天。

断奶后两天：氟欣–20＋黄芪多糖＋母子平安＋营养快线，连用5～7天。

2.后备母猪保健用药方案

盐酸大观林可霉素＋圆蓝混感康拌料，连用5～7天；高热混感清拌料，连用5～7天；以上方案交替使用。

进场前7天：金伊维新一代拌料，连用3天。

配种前15天：清瘟败毒散＋强效支原净拌料，连用5～7天。

3.育肥猪保健用药方案

30～35公斤阶段：强效支原净＋毒威拌料，连用5天。

50～60公斤阶段：高热混感清＋清瘟败毒散拌料，连用5～7天。

建议：每月用药一次。

4.怀孕母猪保健用药方案

怀孕40天左右：多西环素＋黄芪多糖，连用3～5天。

怀孕75天左右：盐酸大观林可霉素＋黄芪多糖，连用3～5天。

怀孕100天左右：金伊维新一代拌料，连用5天。

怀孕107天左右：土霉素拌料，连用7天。

5.哺乳母猪保健用药方案

产后1～7天：产后康＋免疫增肥宝＋营养快线，连用7天。

断奶前后5天：多西环素＋黄芪多糖，连用7天。

6.公猪保健用药方案

每2～3个月：阿莫西林＋黄芪多糖，连用3～5天。

每年保证驱虫3次：金伊维新一代拌料，连用5天。

7.夏季公母猪防暑降温用药方案

当舍温度超过30度时：用冰爽维生素C脂饮水。

8.每年蚊蝇猖獗季节蝇蛆净拌料，连续使用。

9.防控附红细胞体：减少母猪产后出现无乳，少乳，减少怀孕母猪流产和产死胎，减少仔猪腹泻，提高仔猪成活率。每年6、7、8、9月份，强效附弓克拌料，连用5～7天。

10.每年春、秋、冬三季，防止口蹄疫的发生：用疫病康+阿莫西林拌料，连用5～7天。

第六节　养猪生产中的预防保健用药指南

根据养猪不同阶段疾病发生特点，针对性选择药物进行预防，是现代养猪业控制疾病，尤其是传染病及多重混合感染症、并发症、继发症的重要措施之一。

一、哺乳仔猪阶段疾病发生特点及药物预防

1.哺乳仔猪体质弱，免疫功能不健全，对疾病抵抗力差，易发生各种感染，死亡率高。

2.哺乳仔猪常遭受多种应激（如剪牙、断尾、去势、疫苗接种、日夜温差过大等），造成感染机会多。

3.哺乳仔猪易出现免疫空白期，易受到多种病原攻击而发病。

4.哺乳仔猪主要疾病有仔猪红痢、黄白痢、轮状病毒腹泻、传染性胃肠炎、仔猪球虫病等。

5.养猪过程中，病原种类多，且不可能每种病都接种疫苗或疫苗效果不可能达到100%，免疫注射后仍然会发病。

药物预防方案：

方案A：母猪产前产后各一周，分别在饲料中添加肺支康＋阿莫西林粉＋扶正解毒散，可明显降低母猪子宫炎、乳房炎和泌乳障碍综合征的发生及防止仔猪红痢、黄白痢等腹泻症、高热症和呼吸道疾病，同时提高泌乳量，提高仔猪采食量，增加母仔猪机体免疫力、抗病力，降低发病率和死亡率。

方案B：对健康仔猪群可在拌料时添加止痢促长散＋扶正解毒散，抑杀病原体，提高机体抵抗力，防止各种腹泻症，且促进生长。

方案C：仔猪出生三天内，肌注铁血丹2毫升/头，补铁补血，对预防哺乳期仔猪缺铁性贫血、白痢和促进生长有良好效果，也可在仔猪吮乳时口服大痢光等口服液1～2毫升/头。

二、断奶后保育阶段

1.断奶后保育阶段是仔猪抵抗力最低的阶段。断奶前后仔猪因母源抗体已降到最低，接种疫苗的主动免疫尚未产生，加之受

断奶应激等多种因素影响，仔猪免疫力薄弱、抵抗力最低，容易遭受各种病原的感染，引发多种疾病。如：断奶后腹泻、仔猪水肿病、呼吸与繁殖障碍综合征、断奶后多系统衰竭综合征、伪狂犬病、链球菌病、副猪嗜血杆菌病、仔猪副伤寒病、猪痢疾、关节炎等。

2.药物预防方案：

方案A：断奶后饲料中添加止痢促长散 + 扶正解毒散拌料饲喂，杀灭胃肠道有害微生物，调节胃肠道消化机能，增强免疫功能，提高抗病力，可有效防止断乳应激。预防断奶后腹泻症。

方案B：断奶前后一周分别使用一次红眼棒散 + 扶正解毒散拌料饲喂，补硒、补维生素E、抑杀大肠杆菌、抗应激。从多种角度预防仔猪水肿病。

方案C：饲料中添加肺支康 + 阿莫西林粉 + 扶正解毒散抑杀病原，提高猪只免疫力，预防细菌、病毒等呼吸道疾病和呼吸道综合征及高热性疾病。

方案D：断奶后1～7天在饮水中添加电解多维，预防断奶应激。

方案E：断奶后1周，饲料中添加驱虫定栏，或虫绝杀，或驱虫一八等驱虫药物，驱除仔猪体内外寄生虫。

三、生长育肥阶段

1.生长育肥阶段疾病发生较少，但一旦发病不易控制，而造成巨大的经济损失。

2.主要疫病：呼吸道综合征、高热性疾病、消化道疾病及寄生虫病。

3.药物预防方案：

方案A：猪场疫病高发季节，饲料中添加肺支康 + 土霉素 +

扶正解毒散，连用3～5天，可有效预防呼吸道综合征的发生，降低胸膜肺炎，防止猪痢疾、回肠炎、结肠炎及高烧高热症等。

方案B：饲料中添加驱虫定栏或虫绝杀或驱虫一八，驱除猪体内外寄生虫。

四、后备母猪及产后母猪

后备母猪应净化体内病原体，驱杀体内外寄生虫，不喂霉烂变质饲料，防止隐性猪瘟、猪喘气病、蓝耳病、伪狂犬病、细小病毒、布氏杆菌病、霉饲料中毒等引起的母猪受胎率、受孕率低、产仔数少和产生流产、死胎等生产性疾病。

产后母猪宜发生产后综合感染症及产后瘫痪症，尤其是产后三联症（乳房炎、子宫内膜炎、无乳或泌乳减少症）和产后仔猪腹泻病。

1.配种前完成大部分疫苗接种工作。

2.药物预防方案：

方案A：使用驱虫定栏、虫绝杀等驱虫药物驱除后备母猪及公猪体内外寄生虫。

方案B：饲料中添加肺支康+金霉素或阿莫西林粉+扶正解毒散，配种前连用5～7天，净化后备母猪体内病原体。可有效预防喘气病、胸膜肺炎、回肠炎、猪痢疾、蓝耳病等，有效预防由于配种不洁等原因引起的生殖系统造成的受胎率低，产仔数少等症。能确保配种后一直到分娩阶段，母猪健康，保证胚胎存活，防止孕期死亡和流产。

方案C：产前一周，肌注长效土霉素，产后4～12小时注射头孢噻呋钠套餐＋大开胃通便针，预防母猪产后三联症（子宫内膜炎、乳房炎、无乳或泌乳缺减症）和仔猪产后腹泻症。

方案D：产后母猪及怀孕后期饲料中添加鱼肝油＋骨粉防止

产后脱钙瘫痪症。

五、怀孕母猪

怀孕母猪宜发生妊娠期综合征，呼吸道综合征及造成仔猪胎盘传播感染。

妊娠期，饲料中添加肺支康预混剂 + 扶正解毒散剂每月1次，一次连用3～5天，即可净化母猪体内的细菌，预防妊娠期综合征、猪喘气病、呼吸道综合征，又可防止病原体从母猪向仔猪早期传播。

第七节　常见病防治

一、仔猪单纯性拉稀（淡黄、绿色、灰白色、黄白色）

1.原因：母猪乳汁过浓消化不良、过稀营养不良、饲料单纯，气候变化剧烈、温度过低等。

2.处理办法：

（1）加强饲养管理，注意饲料的营养和品质；

（2）适当投喂酶制剂（复合胃蛋白酶、乳酶生等），促进消化；

（3）注意保温措施的落实，温度在22～30℃。

3.分三种情况

（1）寒湿性白痢：主要是由于气候的突变，寒冷侵袭，栏内阴暗潮湿，仔猪肚子受凉而发生下痢，粪便淡黄或绿色，稀薄无臭味。

预防措施：保持栏内干燥，做到冬暖（22～30℃）夏凉。

治疗方法：

①清凉油擦仔猪肚脐，每日2～3次；

②用鲜马尾松叶0.5公斤切细煎水分2次喂母猪。

③鲜艾叶炒焦研末，按每头5～8克的用量，用红糖水调成糊状，用药匙送入仔猪舌根部，每日1～2次。

（2）贫血性白痢：由于母猪体弱，泌乳量不足，使仔猪因营养不良发生下痢。患此类型病的仔猪，皮肤及可视黏膜呈苍白色，粪便呈灰白色。

预防措施：加强体弱母猪怀孕期的饲养管理，实行精、青、粗料的合理搭配，到母猪怀孕后期，补喂含钙量高的饲料。同时对仔猪提早补料，可用少量食盐加骨粉炒米让仔猪自食。

治疗方法：

①用10%葡萄糖注射仔猪交巢穴，每日1～2次，每次2毫升，连续注射2～3天；

②陈荞麦炒熟，让仔猪自食；

③用野生鲫鱼煮熟喂母猪，每次0.5公斤，连续3～4次。

（3）脂肪性白痢：由于母猪乳汁过浓，乳内脂肪含量过高，仔猪食后消化不良而发生白痢。粪便呈糊状，黏稠，带黄白色，有腥臭味。

预防措施：减少母猪精料，适当增加青饲料的比例，控制仔猪吃乳次数，用浓泔米水煮开待凉后喂仔猪。

治疗方法；山楂、麦皮、陈皮、六曲、龙胆草按每头仔猪各服10克的总量，共研细末过筛，分3次调成糊状，日服1次。

以上各种方法在治疗仔猪白痢好转的情况下，须继续用药2～4天以巩固疗效。

二、仔猪黄痢

1.病因：主要是场内环境卫生差致使仔猪出生后或在母体中被感染致病性大肠杆菌而发病。

2.流行特点：仔猪黄痢多发于1～3日龄仔猪，7天以后较少发生；同窝发病率在90%以上，如不及时治疗，死亡率可达100%。

3.临床症状：以仔猪突然剧烈腹泻，拉黄色水样或糊状，有腥味和气泡的稀粪，很快脱水，衰竭而死。主要病变为急性肠炎和败血症。

4.预防：

（1）抓好消毒卫生措施的落实，平时母猪圈内要搞好卫生，定期严格消毒；

（2）在母猪临产前15～20天接种大肠杆菌疫苗或仔猪红黄痢二联疫苗。

（3）在临产前10天内分两次对母猪肌注长效抗菌素，临产前7～10天内即在母猪饲料中添加磺胺嘧啶或四环素等药物预防。

（4）母猪生产后要立即将仔猪防入干净的保温舍内，打扫、清除污染物，并用0.1%的高锰酸钾溶液擦拭母猪乳房和体躯两侧，然后才让仔猪吃乳。

（5）尽早给仔猪吃饱，吃好初乳；

（6）增强仔猪抵抗力。仔猪出生后，给仔猪口服生物制剂，如调痢生、胃蛋白酶、乳酶生等可调理胃肠功能，增强抵抗力。

（7）注射铁剂硒剂。仔猪出生后3天，肌注牺血素、亚硒酸钠等，可防治仔猪贫血，增强仔猪抵抗力，进而预防仔猪黄痢病。

5.治疗：

（1）原则是早预防、早发现、早投药（治疗）、早补液，一旦发病全窝用药；

（2）仔猪颈部一侧用维生素C、维生素B_2、维生素B_{12}按3：2：1的比例混合，肌注3～5毫升；对仔猪颈部的另一侧用庆大霉素、恩诺沙星、新霉素、杆菌肽、痢菌净等抗菌药物。

（3）对于仔猪拉水泻样的严重黄痢病，立即静脉补液或喂服葡萄糖（添加少量食盐）液剂。对脱水严重的仔猪除采取上述治疗措施外还应用痢菌净3毫升、庆大霉素8万单位稀释于5%的糖盐水中20毫升腹腔注射，连续2天，每天2次。

三、仔猪白痢

1.病因：主要是场内环境卫生差，致使仔猪出生后或在母体中被感染致病性大肠杆菌而发病。

2.流行特点：仔猪白痢发于7～30日龄仔猪，多发7～10日龄；同窝发病率在90%以上，如不及时治疗，死亡率可达10%～30%。

3.临床症状：病初排乳白色、灰白色或黄白色带腥臭糊状稀粪，继而水样下痢。发病率高而死亡率低。如处理不及时，影响患猪发育，可能形成僵猪。

4.预防、治疗同仔猪黄痢。

四、仔猪水肿病

1.病因：主要是场内环境卫生差，致病性大肠杆菌的毒素引起发病。

2.流行特点：断乳前后、膘肥体健者多发，散发性疾病，发病率较低，死亡率较高。

3.临床症状：突然发病，精神沉郁、不食；头部水肿、口流泡沫、叫声嘶哑，眼结膜、颌下严重水肿；共济失调，后躯无力、行走时四肢不协调、盲目走动或转圈、触之尖叫、震颤、麻痹；剖检可见胃壁、肠系膜水肿明显，呈透明胶状浸润。

4.预防：同仔猪黄痢，饲料蛋白含量不能过高。

5.治疗：

（1）氧氟沙星注射液0.5毫克/公斤体重和亚硒酸钠维生素E注射液2毫升/头，分别肌肉注射，同时口服速尿片2毫克/公斤体重，2次/天，连用3天；

（2）用环丙沙星注射液0.5毫克/公斤体重 + 50%葡萄糖40毫升，静脉注射，肌注亚硒酸钠维生素E注射液2毫升/头，2次/天，连用3天。同时口服速尿片2毫克/公斤体重，2次/天，连用3天；

（3）水肿快克。

五、猪痢疾

1.发病特点：在自然情况下，只有猪发病，各种年龄、品种的猪都可感染，但主要侵害的是2～3月龄的仔猪；小猪的发病率和死亡率都比大猪高；本病的发生无明显季节性；带菌猪在正常的饲养管理条件下常不发病，当有降低猪体抵抗力的不利因素如饲养不足、缺乏维生素和应激因素时，便可促进引起发病。

2.临诊症状：最常见的症状是出现程度不同的腹泻。一般是先拉软粪，渐变为黄色稀粪，内混黏液或带血。病情严重时所排粪使呈红色糊状，内有大量黏液、出血块及脓性分泌物。有的拉灰色、褐色甚至绿色糊状粪，有时带有很多小气泡，并混有黏液及纤维伪膜。病猪精神不振、厌食及喜饮水、拱背、脱水、腹部卷缩、行走摇摆、用后肢踢腹，被毛粗乱无光，迅速消瘦，后期排粪失禁。肛门周围及尾根被粪便沾污，起立无力，极度衰弱死亡。大部分病猪体温正常。慢性病倒，症状轻，粪中含较多黏液和坏死组织碎片，病期较长，进行性消瘦，生长停滞。

3.病理剖检：主要病变局限于大肠（结肠、盲肠）。急性病猪为大肠黏液性和出血性炎症，黏膜肿胀、充血和出血，肠腔充满黏液和血液；病例稍长的病例，主要为坏死性大肠炎，黏膜上有点状、片状或弥漫性坏死，坏死常限于黏膜表面，肠内混有多量黏液和坏死组织碎片。其他脏器常无明显变化。

4.防治：

（1）自繁自养，不从疫区买带菌种猪；如果引入，猪只须隔离观察和检疫；

（2）治疗药物可用呋喃唑酮，每公斤体重5～10毫克，分2次口服，连服3～5天。土霉素、氯霉素、甲硝基咪啶、硫酸新霉素、痢特灵、林肯霉素等抗生素都可选用。连续多日在每10升水中加入泰乐菌素2克，接着在每吨干饲料中加入泰乐菌素115克，连喂1周；然后每吨饲料加40克，再喂3周。

（3）该病治后易复发，须坚持疗程和改善饲养管理相结合，方能收到好的效果，最好是第一次发生本病，就采取果断措施，将病猪全部淘汰，消除隐患。

六、僵猪

僵猪是养猪生产中常遇到的问题，是由于仔猪先天发育不足或后天营养不良或由于疾病所致的生长发育缓慢或停滞的一种综合征。

1.病因：产生僵猪的原因很多，通常有胎僵、乳僵、食僵和病僵等。其中胎僵占6.3%，乳僵占12%，食僵占44.9%，病僵占36.8%。

（1）胎僵：主要由母猪引起，如近亲繁殖或母猪年龄过大，或后备母猪过早配种，妊娠母猪饲养管理不当，营养不足；与公猪也有一定关系，公猪配种过早或公猪年龄过大，精血不旺，精血过弱，使仔猪造成先天不足，生长发育缓慢，形成胎僵。

（2）乳僵：泌乳母猪饲养管理不当，或产后没几天生病死去，而使仔猪无乳或少乳，致使不能满足仔猪营养需要，生长停滞，或仔猪生后护理不当，没有给仔猪合理固定乳头，弱小仔猪得不到足够的母乳，长期处于饥饿状态，形成乳僵。在同一窝仔猪中，最小猪只有一部分成为僵猪就是这一原因引起。

（3）食僵：仔猪补饲晚，日粮品质差，或断奶后，仔猪大群饲养，弱小仔猪得不到充足的饲料，造成生长缓慢，形成食僵。

（4）病僵：是仔猪多次或反复患病，如营养性贫血，仔猪副伤寒、喘气病、体内外寄生虫等疾病，严重影响仔猪的生长发育形成僵猪。

2.临床表现：饮食正常，被毛粗乱，体格瘦小，圆肚，尖屁股，大脑袋，弓背缩腰，腹部大，精神不振，光吃不长，有的6个月才长到20公斤，有的一年也出不了栏。由于它的存在，增大成本，而使生产效益大大降低，给养猪生产带来了很大损失。

3.预防：

（1）应加强妊娠母猪和泌乳母猪的饲养管理，供给充足、合理的营养，使仔猪在胚胎阶段发育良好，生后能吃到充足的初乳与乳汁；

（2）避免近亲繁殖，合理使用母猪与公猪，不过早配种，一般猪场，母猪用至3～5年，散养户最长使用7～8年，以保证和提高其后代的生活力和质量。

（3）搞好仔猪的养育和护理，适时补饲，产后7天可开始补饲，保证开始料的质量，满足仔猪生后迅速生长发育的营养需要。

（4）搞好仔猪的圈舍卫生和消毒工作，使舍内环境温暖、干燥、清洁，减少疾病的发生机会，对病猪早发现、早治疗，避免产生重复或交叉感染，对疾病治疗应合理、轮换使用各种药物，避免二重感染。制定合理的免疫程序和免疫管理制度。

4.治疗：应针对病因，采取相应治疗措施，如驱虫（阿维菌素、伊维菌素、左旋咪唑等）、洗胃、健胃（大黄苏打片、酵母粉），调整日粮结构，保证营养全价，前期半个月，在日粮标准上，可额外加倍添加赖氨酸、维生素E、复合维生素B、维生素C等维生素、矿物质、氨基酸。中药：黄芪、槟榔、枳实、朴硝、大黄、陈皮、青皮、白术、神曲、山楂、茯苓、枸杞、牡蛎、龙骨、甘草等份为末，每头猪每日25～50克，可连续喂一个月。也可采取以下方法：在治疗前3天进行常规驱虫。

第一天，用维生素B_{12}500微克，肌苷100微克，维生素$B_6$50毫克，混合肌肉注射。

第二天，用维钉胶性钙注射液2毫升，肌肉注射。

第三天，同第一天用药。

第四天，用维生素B_{12}500微克，肌苷100微克，三磷酸腺苷20毫克，一次肌肉注射。

第五天，与第一天用药相同。

第六天，与第二天用药相同。

第七天，与第四天用药相同。

治疗结束后，应加强对僵猪的饲养管理工作。经一个疗程治疗后的僵猪，食欲开始旺盛，精神好转，1个月后体重增加明显，2个月后体重大增，生长迅速。

七、亚硝酸盐中毒

1.病因：常作猪青绿饲料的蔬菜，如小白菜、大白菜、油菜、包菜、菠菜、萝卜等，均含有一定量的硝酸盐。过多施用氮肥的土壤中，硝酸盐含量可达1%～3%，在这种土壤上生长的蔬菜会有较高的硝酸盐含量。这些蔬菜若蒸煮不透，焖煮不搅拌，在40～60℃下放置过久，在去氮菌还原酶的作用下，其所含硝酸盐将迅速转变为亚硝酸盐；或因青绿饲料长期堆放而发霉、腐烂，发酵产热促使亚硝酸菌大量生长繁殖，而使硝酸盐大量转化为亚硝酸盐。硝酸盐的毒性较小，但亚硝酸盐的毒性很大。猪食入的饲料中含亚硝酸盐达70～75毫克/公斤体重时，即可中毒死亡。

亚硝酸盐是一种血液毒，可使血液中正常的氧合血红蛋白（低铁血红蛋白）氧化成高铁血红蛋白，后者和氧结合非常牢固，不易脱离。因此，血液失去运输氧的能力，以致引起全身缺氧，特别是会引起脑和心脏严重缺氧，最后导致中枢麻痹而窒息死亡。据报道，当血液内高铁血细蛋白不超过20%时，不会引起病理状态，超过20%时，会引起病理状态，达到60%～70%时，则导致死亡。

2.症状：猪亚硝酸盐中毒出现的时间因猪的食入量而定，一般多在猪饱食后1小时左右出现症状。最急性者仅稍显不安，站立不稳，即倒地而死，一般多发生于精神状况良好，食欲旺盛者。重症者表现为发抖痉挛，后躯无力，站立困难，呼吸促迫，张口伸舌，口吐白沫，流涎呕吐，腹痛不安，体温下降，四肢、耳鼻发凉。初期黏膜苍白，后期发绀，皮肤青紫。血液褐变，色如咖啡或酱油，心跳可达120次/分钟以上。不久瞳孔散大，昏迷倒地，四肢痉挛挣扎，1～2小时窒息而死。症状轻者，数小时后，症状逐渐减轻，可恢复。

3.诊断：依据黏膜发绀，血液褐变，高度呼吸困难等主要临床症状，特别是根据短急的病程，起病的突然性，发生的群体性，与饲料调制失误的相关性，且精神好，食欲旺盛者症状严重的特征可初步诊断为亚硝酸盐中毒。必要时，可根据试验确诊。

4.预防：

（1）青菜类作物作猪饲料时，最好鲜喂，若贮存，应摊开敞放，不要堆积，以防止亚硝酸盐的产生。尽量避免饲喂腐烂变质的青绿饲料。

（2）青绿饲料加温时，一定要旺火快速煮熟。煮熟后要打开锅盖，并多次搅拌，以使亚硝酸盐挥发。煮完后最好现喂，不可在锅或容器中过夜，过夜的饲料易产生亚硝酸盐，引起中毒。如果将煮过的青菜再用清水洗一遍，中毒的可能性将减小。

（3）接近收割的青绿饲料，不应施硝酸类的化肥，以免增高其中的硝酸盐或亚硝酸盐含量而导致猪亚硝酸盐中毒。

5.治疗：

（1）用催吐剂（阿朴吗啡等）内服进行催吐，以排除残余的毒物，并注意病猪的护理、保温。

（2）用高锰酸钾溶液洗胃之后，内服盐类泻药或牛奶、蛋清等。

（3）立即剪耳、断尾放血，随后全身泼冷水，驱赶运动。

（4）解毒：1%美蓝溶液（美蓝1克，酒精10毫升，生理盐水90毫升），每公斤体重1毫升，肌注或静注。

（5）根据病情，可输液（可用维生素C，配合美蓝、葡萄糖等），注射呼吸兴奋剂等。

八、猪瘟

俗称烂肠瘟，是由猪瘟病毒引起的一种高度传染性疾病。

1.症状：

（1）最急性型：突然发病，病势急剧，高温41℃以上，常无其他症状，突然倒地死亡。

（2）急性型：病猪体温41℃左右，持续不退，吃食减少或全废，病猪怕冷，背腰弓起，低头垂尾；眼结膜发炎并有脓性分泌物，鼻镜干燥；病初便秘，拉黑色似算盘珠状硬粪，带血或黏液，以后出现拉稀，粪恶臭；公猪包皮肿胀内有恶臭的黄色积尿，手挤有黄白色恶臭尿液流出；小猪常见磨牙、昏睡、转圈、摇头或倒地四肢抽动，眼球上翻等神经症状；病至中后期，病猪耳朵发绀，四肢内侧、腹下、会阴等毛稀皮薄处出现针尖或小米粒大小，数量不一的紫红色出血点，指压不褪色，个别猪见干性轻咳。

（3）慢性型：病猪早期食欲缺乏、体温升高、喜饮水、便秘与腹泻交替，但以下泻为主，用抗生素治疗无效。后期病猪消瘦、贫血、弓背垂尾，行走摇晃，病程常拖延一个月以上，大多死亡。另外，妊娠母猪感染猪瘟时，常不易察觉，但病毒可侵袭子宫中的胎儿，造成死胎或弱仔。

2.剖检：全身淋巴结肿大，周边出血，典型的呈大理石样周边出血；心外膜尤其是心房外膜弥漫出血；脾不肿大，有出血性梗死或滤泡梗死；肾脏苍白，表面散布出血点，犹如雀蛋颜色；膀胱黏膜，喉头黏膜出血；胃、盲结肠黏膜出血，或形成扣状肿；其他也见如胃、肠浆膜出血；胆囊浆膜出血，唇内侧及牙龈溃疡等。慢性猪瘟除见败血症外，主要病变是盲结肠的扣状肿。

3.防治：猪瘟以预防为主。在非疫区，育肥猪可在50～60日龄一次性预防注射猪瘟疫苗，剂量2～4头份/只；种公、母猪每年进行2次免疫注射剂量2～4头份/只。在疫区，尤其经常发病的猪场，仔猪出生后应立即注射1～2头份猪瘟单苗，2小时后再吃初乳。一般情况下，仔猪初免在20日龄，2头份/只；2免在60日龄，4头份/只。当猪瘟发生时，可超剂量，紧急注射；同时辅以抗生素对症治疗，防止继发感染。

九、猪口蹄疫

由口蹄疫病毒引起的一种急性发热和高度接触性传染病，主感染猪、牛、羊等偶蹄兽，人也可感染，大小猪均可发病，但以哺乳仔猪死亡率高。

1.症状：患猪初期体温达41℃，精神不振，食欲减退或停食，不久在蹄冠、趾间，蹄踵出现发红、微热、触及敏感等症状，以后逐步形成黄豆大，蚕豆大充满灰白色或黄色液体的水泡，轻者仅见单个蹄，重者四蹄都发生。水泡破后，表现出血，局部形成暗红色糜斑，患猪行走困难，如有继发感染则蹄壳脱落。有些病猪鼻镜，口腔黏膜和乳房也可见有水泡或烂斑，哺乳仔猪发病，主因严重的心肌炎和胃肠炎死亡。

2.剖检：病变主见于蹄冠，蹄壳下发生水泡或糜烂。仔猪心肌变性，切面外观如虎斑，俗称“虎斑心”。

3.防治：根据国家规定，口蹄疫患猪应一律急宰，不准治疗，严格封锁，以防扩散。

十、猪流行性感冒

猪流行性感冒是由A型流感病毒引起的一种急性传染性呼吸道疾病。此病传播快、潜伏期短，很快波及全群。

1.症状：病猪突然发热，体温达40～42℃，精神不振，食欲减退或不食，扎堆，不愿走动。呼吸困难，咳嗽，眼鼻腔中流出黏液等分泌物，病猪表现肌肉和关节有痛感，触之敏感。

2.剖检：见鼻、喉、气管和支气管黏膜充血，表面有大量泡沫状黏液，有时杂有血丝；肺部病变呈红色如鲜牛肉状，界限明显，通常病变限于尖叶，心叶和中间叶，常为不规则对称。

3.防治：青霉素4万国际单位/公斤体重，链霉素3万～4万国际单位/公斤体重，同时配用10%的安乃近10～20毫升一次性肌注，2次/天，连用2～3天。

十一、猪传染性胃肠炎

猪传染性胃肠炎是由猪传染性胃肠炎病毒引起的一种以急性腹泻为特征的消化道传染病。每年11月至次年4月份多发，各样龄猪均可感染，但哺乳仔猪死亡率高。

1.症状：

（1）哺乳仔猪：突然呕吐，随之剧烈水样腹泻，粪便乳白色或黄绿色，带有小块未消化凝乳块，有恶臭。病猪表现严重口渴，迅速脱水，消瘦，多数死亡。

（2）肥育猪：患猪突然发生水样腹泻，食欲缺乏，表现无力，下痢，粪呈灰色或灰褐色，个别患猪初期偶见呕吐。

（3）成猪：感染后常不发病或见一过性软便，无其他症状。

（4）母猪：哺乳母猪有的表现高度衰弱，体温升高、泌乳停止、呕吐、食欲缺乏、剧烈腹泻。妊娠母猪症状常不明显。

2.剖检：尸体失水，结膜苍白，发绀，胃肠卡他性炎症，胃内见白色凝乳块，肠内充满白色或黄绿色半液状或液状物，肠等缺乏弹性，肠壁变薄，肠管扩张，呈半透明，如蝉翼样。

3.防治：

（1）口服补液盐配成溶液让猪自由饮服。

（2）磺胺脒0.5～4克，次硝酸铋1～5克，小苏达1～4克，混合、口服。

十二、高致病性猪蓝耳病

此病是由蓝耳病病毒的变异毒株引起的高度传染性、致死性疾病。

1.流行特征：猪是唯一的感染动物，各种年龄、品种的猪均可发病，仔猪最敏感；没有明显的季节性，一年四季均可发生，主要发生在恶劣气候条件和饲养环境下；发病与猪舍的大小、猪群的密度、空气质量、健康状况等有关，环境因素（如温度高、湿度大、日照少等）也能促进本病传播。可通过消化道、呼吸道、破损的皮肤等感染；发病率高、死亡率高。仔猪发病率可达100%、死亡率可达50%～80%以上，母猪流产率可达30%以上，成年猪也可发病死亡，死亡率因继发感染有较大差异。

2.临床症状：本病的潜伏期一般为5天左右；体温明显升高，可达41℃以上，嗜睡；早期皮肤发红，眼结膜炎、眼睑水肿；随病程发展，耳部、腹下、臀部和四肢末梢等身体多处皮肤呈紫红色；咳嗽、气喘、鼻漏等呼吸道症状；妊娠母猪不分阶段发生流产，部分病例拉稀；部分猪出现后躯无力、不能站立或共济失调等神经症状。

3.病理变化：肉眼主要见肺出血、淤血、以心叶、尖叶为主的灶性暗红色实变、肝变；扁桃体发炎、化脓；脑出血、淤血、软化灶及胶冻样物质渗出；另可见心衰、心肌出血、坏死；脾、淋巴结新鲜或陈旧性出血、梗死，多未见明显肿大，个别呈萎缩状态；肾表面和切面部分可见出血点、斑等。部分猪肝可见黄白色坏死灶或出血灶，肾表面凹凸不平，肠出血等。

4.诊断要点：临床出现发烧（高烧可达41℃以上），皮肤出血点、斑，发绀，眼结膜炎，咳嗽、喘等呼吸道症状；俯跪卧姿、后躯晃动，瘫痪等神经症状；

大体剖检见肺从心叶近心端开始的灶性出血、瘀血、实变，以及脾出血、梗（坏）死，扁桃体、淋巴结、肾出血点、灶，脑膜出血等。

5.治疗：

方案一：康复猪或耐过猪（一般20天后）的血清治疗新发病猪只有好的效果，每头猪注射5毫升，2次/天，连续2天。

方案二：

（1）早期不要使用退烧、抗菌等药物，可在水中添加电解多维等。

（2）5～7天后采取对症疗法如退烧、控制继发感染，药物可用蓝健、混感快康、贝立克或其他同类药品，连用3天，同时用瘟毒克与泰洛星拌料。

方案三：

第一步：

（1）迈德.欧克注射液（单独注射）

（2）阿莫西林类＋复方板蓝根注射液（混合注射）

（3）多维饮水

连续1～3天，1次/天。在此期间，抗体逐渐产生，可能有体温升高的现象。体温升高快的迈德.欧克用2天，体温升高慢的，欧克用3天。

第二步：

（1）少部分猪体温恢复正常

①多维饮水

②清瘟败毒散＋阿莫西林粉＋抗咳喘药伴料。连用5～7天

（2）体温持续升高的可用：败克＋百感乐注射，连续2天。

（3）其他对症治疗。

第三步：病后护理至康复

清瘟败毒散＋阿莫西林粉或安喘泰能散伴料，多维饮水。

方案四：

1.饲料或水中添加电解多维。

2.注射干扰素、黄芪多糖等抗病毒及提高机体免疫功能性药物。

3.注射氟苯尼考+林可大观霉素

注：对早、中期有一定效果。

十三、仔猪副伤寒

仔猪副伤寒是由沙门氏菌引起的一种仔猪传染病，主侵害2～4月龄仔猪，6月龄以上猪少见。

1.症状：

（1）急性型：多见于断奶后不久的仔猪，体温41～42℃，呈稽留热。初便秘后下痢粪恶臭，有时带血，严重时肛门失紧，并常有腹痛症状，弓背尖叫，耳、腹部及四肢皮肤呈紫红色后期见青紫色斑，后期呼吸困难，体重下降，死亡。

（2）慢性型：沉郁、食欲减退，便秘下痢交替出现，排灰白色、浅黄色或暗绿色恶臭、粥状粪便，有时见血和黏液，皮肤出现痂状湿疹，被毛无光，最后死亡或成为僵猪。

2.剖检：见整个胃肠道黏膜充血，盲肠、回肠、结肠壁增厚肠黏膜表面覆有糠麸样假膜，见不规则烂斑，肝脾及肠系膜淋巴结肿大，切面可见针尖大至粟粒大的灰白色坏死灶，这是猪副伤寒的特征病变，肺充血、出血、水肿、有时见有卡他性或干酪样肺炎病灶。

3.防治：

（1）新霉素5克配40～50公斤水或15公斤料任猪采食，连用5天。

（2）复方长效制菌磺0.2～0.3毫升/公斤体重肌注，1次/2

天。临床上还可选用庆大霉素、卡那霉素、青霉素、链霉素、土霉素、磺胺二甲嘧啶、痢特灵、强力霉素、蒽诺沙星等抗菌药治疗也不错。

十四、猪疥癣病

1.症状：病猪主见剧烈瘙痒，通常从头部开始，以眼睛周围、耳壳颊部等部位常见，以后蔓延至颈胸、腹部及四肢，由于瘙痒患猪常在硬物上擦痒，导致皮肤脱毛、出血、形成水泡和脓疮。患部皮肤粗糙肥厚或形成皱褶。

2.防治：

（1）灭虫丁，0.3克/公斤体重皮下一次注射。

（2）伊维菌素、阿维菌素注射、涂擦；

（3）双甲醚洗浴。